Lose Blätter

aus dem Tagebuche

meiner Haussa-Freunde und Reisegefährten,

überſetzt, eingeleitet,

mit allgemeinen Schilderungen des Volkscharakters und der socialen Verhältniſſe der Hauſſa's ſowie mit kurzer Lebensgeſchichte des Mai gaſin baki verſehen,

von

Ed. Robert Flegel.

Mit einem Portrait Flegel's und ſeiner beiden Hauſſa-Freunde.

Hamburg,
L. Friederichſen & Co.
Land- und Seekartenhandlung,
geographiſche und nautiſche Verlagshandlung.
1885.

Ed. Robert Flegel (Abdurahamani)

Madugu mai gasin baki

Madugu dan Tambari.

Photogr. v. G. Backofen, Berlin. — Lichtdruck v. Fr. Hemsath, Frankfurt a. M.

Lose Blätter

aus dem Tagebuche meiner Haussa-Freunde und Reisegefährten,

übersetzt, eingeleitet,

mit allgemeinen Schilderungen des Volkscharakters und der socialen Verhältnisse der Haussa's sowie mit kurzer Lebensgeschichte des Mai gasin baki versehen,

von

Ed. Robert Flegel.

Mit einem Portrait Flegel's und seiner beiden Haussa Freunde.

Hamburg,
L. Friederichsen & Co.
Land und Seekartenhandlung,
geographische und nautische Verlagshandlung.
1885.

Motto: . . . .

„. . Madugu gasin baki
Und Madugu dan Tambari
Sie kehren heim als Pionier'
Für deutsch Pannier!"

(Aus einer Gelegenheitsdichtung zum Abschiedsfeste).

Inhalt.

Einleitung.

Meine beiden Reisebegleiter aus Haussa haben in Deutschland so viel Interesse und ich darf sagen — wo sie besser bekannt und erkannt wurden in ihrer Eigenart — Bewunderung in mancher Hinsicht erregt, haben so zahlreiche persönliche Beziehungen angeknüpft, sich die Achtung und Zuneigung wohl aller, die sie kennen lernten, erworben und wurden sogar gewürdigt, von Seiner Majestät dem Kaiser Wilhelm nicht nur in Audienz empfangen, sondern auch zwei Mal zum Hofball geladen zu werden, daß es gewiß vielen ihrer persönlichen Bekannten sowohl, als sonst noch manchem, der durch die Tagesblätter von ihnen hörte, lieb sein wird, etwas näheres Thatsächliches über sie sowohl, als ihre heimathlichen Zustände zu erfahren, wohl auch ihre persönliche Geschichte kennen zu lernen.

Ich fühlte aus den wiederholt an mich gerichteten Anfragen, die ich doch nie nach meinem Wunsch genügend zu beantworten im Stande war, wohl heraus, daß ich der Gesellschaft einige Mittheilungen über meine ihr zugeführten Haussa-Freunde schuldig sei und nehme die erste Gelegenheit — die freien Stunden während der Ueberfahrt nach Afrika — wahr, diese Schuld abzutragen.

Wie wir so über das weite Meer hinfahren, für viele aufeinander folgende Tage nichts als Wasser und Himmel sehend, da kommt mir wieder die Bedeutung des Unternehmens vom Standpunkt meiner Reisegefährten voll vor das Gemüth. Ich kann nicht umhin, diese beiden Männer zu bewundern, die entgegen dem Rathe ihrer Freunde und der Ueberzeugung des größten Theils ihrer Landsleute und Berufsgenossen eine solche Reise wagten und stets bei all' dem Wunderbaren, das in raschestem Wechsel in so überreicher Fülle auf sie eindrang, die nämliche äußere Ruhe und Würde und den Gleichmuth bewahrten, welche in ihrer Heimath den Gebildeten und Lebenserfahrenen auszeichnen. Gingen sie doch in eine Welt hinüber, von der sie nicht die geringste Vorstellung hatten, über die das Abenteuerlichste und Wunderbarste in ihrer Heimath verbreitet ist, das sie auch nachher oft lachend ausgesprochen haben: „Man sagte uns, wir würden vor Kälte „umkommen! Man sagte: Ihr Weißen habt kein Land, sondern „hauset auf Schiffen oder wie die Fische im Wasser."

Namentlich ist auch das Verhalten meiner Freunde während meiner Krankheit, die gefaßte Unterwerfung in den Willen Gottes bei aller Betrübniß bewundernswerth, wo also der, dem sie vertrauend gefolgt waren, der Einzige aus dieser Märchenwelt aus „Tausend und eine Nacht," in die sie sich versetzt fühlen mußten, krank, dem Tode nahe darnieder lag; nicht minder anerkennenswerth ist die Geduld, die sie bewiesen, da sich unsere Abreise durch diese meine Krankheit und andere Ursachen und Zwischenfälle immer wieder verzögerte und wir, statt, wie ich versprochen, in sechs Monaten wieder bei den Ihrigen zu sein, erst nach neun Monaten vom Tage unserer Abreise gerechnet Deutschland wieder verlassen konnten. Nur einmal und zwar kurz vor unserer Abreise erlaubte sich der Jüngere — trotzdem beide die Heimreise sehnlichst wünschten — mich an jenes Versprechen zu erinnern, doch unter Protest des Aelteren, der voll vertrauend mir sagte: er wisse wohl, daß solche Dinge in der Hand Gottes lägen.

Wenn meine Haussa-Freunde die Heimreise sehnlichst wünschten, so will ich auch ihren Grund dafür hier gleich mit angeben, da mir häufig die Frage gestellt wurde, ob sie Heimweh hätten. Der Alte sagte mir: „Wenn es uns auch hier besonders gut ergeht und wir in keiner Weise Mangel leiden, so müssen wir doch wünschen, die Unserigen wieder zu sehen, weil sie jetzt um uns Sorge tragen werden. Die Abergläubischen und Lügenhaften werden behaupten, wir seien, ganz wie sie es vorher gesagt, in schrecklicher Weise ums Leben gekommen, die Wahrheitsliebenden werden sagen: das steht bei Gott, wie ihre Rückkehr; wir wissen, daß Abdurahamani — d. h. Knecht des Allbarmherzigen (mein angenommener Name) — und Madugu gute Freunde sind."

Eine andere Frage: „Wie gefällt ihren Begleitern Deutschland und welchen Eindruck macht unser Leben auf sie?“, die häufig an mich gerichtet wurde und daher allgemeines Interesse zu haben scheint, will ich hier ebenfalls durch thatsächlichen Ausspruch des Madugu beantworten.

„Es ist wahr, wir haben Stambul (Konstantinopel)*) nicht ge-
„sehen. — Man sagt, daß dort viel Gutes sei, daß der Sultan die
„Hungrigen speise und allen Nothleidenden helfe. — Aber Euer Land
„haben wir jetzt kennen gelernt und während sechs Monate nie etwas
„gesehen, das schlecht war oder uns mißfiel. Weder die Großen noch
„die Geringen, die Königswürdenträger noch die Königsknechte nahmen
„sich je etwas heraus gegen Jemand, das wir gesehen hätten, weder
„auf der Straße noch sonst wo; wir sahen nie Streit, noch Schlägerei,
„noch Trunkenheit, noch Diebe; nur Liebes und Angenehmes haben
„wir gesehen. — Wir glauben, daß Euer Land eben so gut ist wie
„Stambul und Euer Kaiser ebenso gut wie der Sultan. —“

Die übrigen Fragen, wie: wer, was und woher sind sie, wie leben, essen, trinken sie 2c. 2c.? werden meist beantwortet durch den weiteren Inhalt dieses Büchleins, nur die oft an mich gerichteten folgenden nicht:

Wie haben Sie (Ed. R. **Flegel**) es vermocht, die Leute zu veranlassen, Sie zu begleiten? Sind sie freiwillig mitgegangen, und **weshalb** haben Sie sie mitgebracht?

Diese letzte Frage wird Mancher schon sich selbst beantwortet haben, und spricht hiefür auch das Motto, das, wie ich glaube, meinen Freunden ein sehr zutreffendes Prognostikon stellt. Doch ganz abgesehen davon, hatte ich vom rein menschlichen Standpunkte den sehr naheliegenden Wunsch, meinem alten Freunde, der mir ein guter und getreuer Cicerone in seinem Heimathlande, wie namentlich in Adamaua gewesen ist, die Wunder meines Vaterlandes zu zeigen, ihm gewissermaßen den gleichen Dienst **hier** zu erzeigen und ihm, der stets so viel Verständniß und Interesse für meine Erzählungen

*) ihr Ideal alles Guten und Großartigen. —

bewiesen, das fast Unglaubliche — wie Eisenbahnen, größere Fabriken, die Herstellung vieler unserer Industrieartikel, unser ganzes großartiges Getriebe in Berlin und Hamburgs Hafen — ad oculos zu demonstriren. — Natürlich ist er freiwillig mitgegangen, und zwar sprach ich ihm schon den Wunsch gleich nach Beendigung unserer ersten erfolgreichen Reise nach dem Quellgebiet des Benuë aus; da ich aber bei meiner Rückkehr keine Mittel vorfand, wiederholte ich die Aufforderung, die auch damals schon nicht abschlägig beantwortet wurde, nicht. Im September 1883 wurde ich von Seiten eines reichen deutschen Privatmannes telegraphisch aufgefordert, die Exploration des Niger-Benuë-Gebietes auf seine Kosten weiterzuführen, und, hocherfreut über dieses Zeichen eines Umschwunges in der Heimath, machte ich sofort meinen Plan, kehrte heim, und zwar mit Madugu mai gasin baki, um diesen Mann für solche und ähnliche Interessen zu gewinnen. Einen Begleiter für ihn zu finden, hat mir übrigens große Mühe gemacht. Ich nahm ihn, um Mai gasin baki die große Annehmlichkeit des fortgesetzten Gedankenaustausches mit einem Landsmann zu gewähren und auch um für **den** Fall, daß ihm ein Unfall begegnen sollte, seinen Landsleuten gegenüber bei meiner Rückkehr, die doch hätte erfolgen müssen, einen Augenzeugen zu haben.

Die große Reise meines Haussafreundes ist nun nahezu glücklich beendet. Möge es ihm auch unter seinen Landsleuten an der wohlverdienten Anerkennung für diese Großthat nicht fehlen, und möge ihm noch eine Reihe von Jahren im Genusse dieser Anerkennung, so wie der angenehmen Erinnerungen an seinen Aufenthalt in Deutschland vergönnt sein. Ich bin überzeugt, mit diesem Wunsche nur das ausgesprochen zu haben, was Jeder, der den braven Alten mit dem Barte kennen gelernt hat, ihm von Herzen wünscht.

An Bord des S. S. Coanza, April 1885.

Ed. Robert Flegel.

Lebensgeschichte
des
Mohamman mai gasin baki.

Mohamman wurde geboren etwa 1828, um die Mitte der Regierungszeit des zweiten Mohammedanischen Herrschers vom Fulde-stamme Dabo Kangwa, etwa 1813—43, der ähnlich wie Heinrich der Finkler vom Vogelherd, vom Lesen des Korân, fern von der Hauptstadt aus einem kleinen Nufeort, dahin er sich, um ein beschauliches, dem Studium des heiligen Buches gewidmetes Leben zu führen, zurückgezogen hatte, weggeholt wurde, um den Thron der mächtigsten Provinz und faktisch bedeutendsten Stadt des Reiches einzunehmen. Sein Vater war ein Almazuri, d. i. Jemand, der ein wenig Lesen und Schreiben gelernt, aber es nicht zum vollen Verstehen — zum Mallam, d. i. Priester — des Korân gebracht hat, und mai noman gona, d. i. derjenige, welcher das Feld bebaut. Seine Vorfahren väterlicherseits waren Viehhirten vom Stamme der Wangara aus der Gegend von Male (Westen). Seine Mutter war eine Djukufrau. Sein Uban gida, d. i. Vater des Hauses, hieß Mallam Bämbade oder Babánde. Wie jeder Provinzherr seinen Uban gida hat, so haben auch mehrere Familien stets einen Uban gida, der sie in gleicher Weise bei dem Statthalter vertritt und eine Macht über sie ausübt, kleinere Streitigkeiten unter diesen schlichtet und bei allen wichtigeren Lebensereignissen in patriarchalischer Weise eingreift und Theil hat. Zur Zeit des ersten Regierungsjahres des ältesten Sohnes und Nachfolgers von Daba, Usuman (etwa 1844—53), im Alter von 16 oder 17 Jahren, trat er seine erste Handelsreise an, als Begleiter eines gewissen Fatakes (reisender Händler), Namens Gadjigi.

„Dabo yo mutu, mu ka tāſi. Als Dabo gestorben war, reisten wir.“ Also etwa um das Jahr 1844 oder 45. Von seinem früheren Jugendleben weiß Mohamman nichts mehr zu erzählen.

Eine andere Zeitangabe ist die: „Râbá (am Niger) ya fase,

Mâsâbâ be dedde ba, d. h. Râbâ war gebrochen, Mâsâbâ regierte noch nicht lange." Ledde, westlich am Niger, war damals Hauptort von Nufe und Residenz des Mâsâbâ; dahin ging Mohamman und verkaufte dem Könige Pferde gegen Nufezeuge, welche auch in Haussa sehr beliebt sind. Diese erste Reise dauerte etwa sechs Monate, und nach kurzem Aufenthalt in Kano trat er ebenfalls unter Leitung des Gadjigi die zweite (erste nach Adamaua) Reise an. Diese führte ihn bis nach Jola, wo Mohammed Lowel, der Barth auswies (1851), herrschte. Mohamman bemerkt: „Jola kamar zabon gari, garu abu", das heißt: „Jola sah wie eine neue Stadt aus, sie hatte noch keine Mauer." — Die Urbevölkerung Adamauas scheint sehr friedlich gewesen zu sein, denn man kennt dort keine Mauern und die Hütten liegen frei zerstreut umher. — Damals kaufte man einen großen Zahn in den Wäldern von Adamaua, in Baia zum Beispiel, für 200 bis 400 Muscheln, einen Sklaven für eine Perlenschnur, verkaufte 100 Pfund Bein für 100,000 Muscheln (100 M.) und einen Sklaven für 12—20,000 Muscheln in Kano (12—20 M.)

Nach dreimonatlichem Aufenthalt in seiner Vaterstadt trat er die dritte Reise allein an, etwa 1847; diese führte ihn nach Bautschi und Kuka. „Na tafi da dukian jaro", d. h. „ich ging mit den Schätzen eines Knaben auf die Reise" sagt er, d. h. mit nur geringen Mitteln. In Bautschi kaufte er Tozali, d. i. Antimon und/oder Bleierz (wahrscheinlich letzteres). — Es scheinen um den Benuë herum vom südlichen Bautschi bis westlich von Wukari überall diese Erze reichlich vorzukommen, die ein wichtiger Artikel des Binnenhandels sind und weithin ausgeführt werden, um namentlich pulverisirt zum Färben der Augenränder und -Lider benutzt zu werden. Sein Erz, etwa 3 Lasten im Werthe von 30,000 Muscheln = ca. 30 Mark, brachte er nach Bornus Hauptstadt Kuka am Tsadsee, wo viele deutsche Forscher der 50er. und 60er. Jahre ihr Hauptquartier aufgeschlagen haben, und verkaufte es daselbst mit großem Vortheil. Für die Rückreise nach Bautschi kaufte er in Kuka 5 Takarkari, d. s. Ochsen zum Reiten und Lasttragen, denen ein Strick durch die Nase gezogen ist, mit welchem sie gelenkt werden. Das Stück bezahlte er mit 2—3 Maria Theresiathaler à 5000 Muscheln; er belud sie mit Kanzwa in Tafeln, d. i. Natron, die Last im Werthe von 2 Maria Theresiathaler.

Nach Bautschi zurückgekehrt, traf er daselbst einen Freund aus Nufe, Namens Agole; mit diesem plante er eine neue Reise nach

Adamaua. Die beiden jungen unternehmenden Leute bereiteten sich gehörig für den Markt der Fumbinawa (Bewohner des Südens) vor, indem sie kleinste und stärkste Kauri-Muscheln zusammensuchten und eintauschten — die dort zum Schmuck verwendet, besonders beliebt waren — und indem sie sich mit dem Stolz Kano's: Bukin tuffa, d. i. schwarzen (Indigo bronce-glänzend) Zeugen, die weithin im ganzen Sudan begehrt sind, versahen. Die Herstellung dieser Zeuge ist die Hauptindustrie Kano's und die vielen damit verknüpften Arbeiten beschäftigen vielleicht nahezu die Hälfte der ganzen Bevölkerung der Provinz, bilden somit die wichtigste Erwerbsquelle des Landes. Schon am Geruch — namentlich aber an der Schönheit des Glanzes, den sie dem Feuer vergleichen — erkennt ein Haussa sofort, wo ein Stück Zeug gefärbt ist, und stehen die sogenannten Dan Kura — d. h. Sohn von Kura (Kura die Hyäne), ein kleiner, durch seine Färberei vor allen Orten berühmter Vorort von Kano — am höchsten im Preise.

Mit diesen Gegenständen wanderten die beiden Freunde bis nach Ngaundere, wo Adama für ihren Sohn regierte, die Mutter des berühmtesten Königs von Ngaundere, Ardo Isa, d. i. Fürst Jesus, eines großen Eroberers, der fast während seiner ganzen Regierungszeit, an 25 Jahre, auf Kriegszügen sich befand und bis etwa 3° Nord vom Aequator und 18° Ost von Greenwich alles Land vielfach durchzogen und sich unterworfen hat. Damals zahlte man nach Mohamman's Mittheilung 100 Muscheln Kurdin Kofa, d. i. Thorgeld, wenn man nach Süden in das Eldorado der Elfenbeinhändler, in das Baialand wollte, wo man einen Zahn von 100 Pfund und darüber mit 1000 Muscheln etwa bezahlte. Mohamman kehrte mit drei Lasten Elfenbein nach Bautschi zurück, verkaufte dasselbe und ging wieder in Begleitung dieses Freundes mit Goronüssen und Tozali nach Kuka in Bornu, wo sein Freund zurückblieb, während er noch bis Mafate in Bagirmi am Logone reiste. „Mutanen Mafate tu tamu gida kamur ku", d. h. die Leute von Mafate haben Häuser wie die Eurigen, 3—4 Stockwerke hoch".

Dort ist ein Stein häufig, den die Haussa's Samfolwa nennen; derselbe ist von durchsichtig und durchschimmernd hellblauer Farbe und wird in Joruba und Nufe sehr hoch bezahlt, das Stück von Erbsen- bis Bohnengröße mit 20—50,000 Muscheln. In Mafate kauft man eine Halsschnur davon, ca. 20 Stück für 1 Turkurdi, d. i. Frauenumwurf, Indigo bronce Zeug von 1½ Meter etwa im Geviert und ca. 4—8000 Muscheln Werth in Kano. Von Mafate kehrte er über Kuka wieder nach Bautschi zurück und nach kurzem Aufenthalt abermals nach Kuka, was etwa um das Jahr 1851 gewesen sein wird. Er war damals sehr wohl versorgt, ein kräftiger hübscher Bursche von großer Gutmüthigkeit und Freigebigkeit und deshalb allgemein geliebt. Ein Königskind Eisá Kaúgi jikan Sariki, d. i. eine Enkelin des Königs von Bornu, die, sehr jung vermählt, ihren Mann nicht liebte und ihm schließlich davon gelaufen war, verliebte sich in Mai gasin baki, und da so hoch gestellte Frauen, wenn sie einmal in ähnlicher Weise zum Selbstverfügungsrecht gelangt sind, ziemlich frei handeln dürfen, so heirathete sie ihn auch, da er eben zu jener Zeit nichts sehnlicher wünschte. Es scheint dies in der That eine Ehe aus wahrer gegenseitiger Neigung gewesen zu sein, nach der Art, wie mein alter Freund noch heute darüber erzählt. Seine junge Frau war nicht nur schön, sondern auch reich an Kameelen, Kühen, Schafen und Grundbesitz, und so konnte das junge Paar ein angenehmes, ruhiges Liebesleben führen. Er sagt von jener Zeit „num tsi Dukia kowei," d. h. wir zehrten von unserm Reichthum, ohne etwas besonderes zu thun.

Es wird Leser und namentlich Leserinnen interessiren, über die Art, wie in Haussa und Bornu Ehen geschlossen werden, Näheres zu erfahren. Mädchen aus besseren Ständen werden von den Eltern meist schon sehr jung versprochen und der Bräutigam muß denselben — namentlich der Mutter — häufig Geschenke machen. Oft ist dieser nun ein älterer Mann, der vielleicht schon zahlreiche Frauen hat, ein vermögender, guter Bekannter der Mutter rc., und wenn das Mädchen sodann zur Jungfrau heran gewachsen ist und in sein Haus kommt, so ist es häufig der Fall, daß sie ihrem Gemahl weniger zugethan ist, als manchem ihrer Jugendgenossen. Je nachdem sie nun mehr oder weniger energischen Charakters ist, die Verhältnisse, in die sie hinein versetzt wurde, mehr oder weniger angenehm sich gestalten, und der Gemahl ihr größere oder geringere Aufmerksamkeit erzeigt, wird sie dann entweder sich mit demselben aussöhnen und bleiben oder die drückenden Fesseln abwerfen, sich befreien — was einfach durch Davonlaufen bewerkstelligt wird — und sich dann nach Neigung gewöhnlich selbst einen Mann suchen.

Soll eine Vermählung stattfinden, so wird nach dem Mallam, d. i. Priester, geschickt und dieser fragt zunächst nach dem Sadakan-mota, d. i. Dankgeschenk an die Frau, welches entweder eine Kuh, oder ein Pferd, oder ein Sklave ist, oft auch irgend eine Kleinigkeit von sehr geringem Werth bei Aermeren, die nur selten eine Jungfrau ehelichen können. Dieses Sadaka verbleibt der Frau als persönliches Eigenthum, und nur für den Fall, daß sie den Mann aus irgend einem Grunde verläßt, muß sie das Sadaka zurückgeben. Der Mann kann sie sogar gegen ihren Willen halten, wenn sie nicht im Stande sein sollte, ihm dieses Sadaka wiederzugeben. Es ist dies eine sehr gute Einrichtung und wird dem Betruge und der Leichtsinnigkeit dadurch sehr Einhalt gethan. Bei ärmeren Leuten sind selbst die uns sehr geringfügig scheinenden Unkosten der Hochzeit große Ausgaben. Thörichte Streitigkeiten kommen namentlich bei diesen sehr zahlreich vor und würden ohne dieses Gesetz stets zur Scheidung führen und auch zu Verlusten, die sehr schwer für Manchen zu tragen sein würden. Oft aber läßt der Mann unter solchen Umständen seine Frau ziehen, selbst ohne das angebotene Dankgeschenk für die Hingabe an ihn, die er als genossen ansieht, anzunehmen. Er setzt einen gewissen Stolz darin, das Sadaka nicht zurück zu nehmen.

Aber auch das Mädchen macht dem Manne unter Umständen Geschenke, namentlich an Kleidung, und der Mann muß ihr außer dem Sadaka noch Zeug und Schmucksachen am Hochzeitstage, don dadin zamna, d. h. zum angenehmen Beisammensein, geben, und muß das auch nach der Verheirathung von Zeit zu Zeit wiederholen, ganz wie bei uns auch und aus demselben Grunde.

Der Priester hält im Hause der Eltern der Braut oder bei Aermeren im eigenen Hause für die Neuvermählten Gebete, empfängt je nach Umständen, wofür zuweilen der Mann, zuweilen beide Theile, auch Freunde sorgen, eine größere oder geringere Zahl Goronüsse, Kaurimuscheln (Geld), auch Silberthaler, die er segnet und welche dann in drei Theile getheilt werden, wovon ein Drittel ihm für seine Bemühungen zukommt (es ist gewöhnlich nicht viel), zwei Drittel als Hausstandsgeld der jungen Frau für die ersten laufenden Ausgaben überliefert wird. Auch einen frommen Spruch aus dem Korân sendet der Mallam mit diesen Gegenständen an das junge Paar, welches dann als vermählt gilt. Es geschieht dies, nachdem die Braut das Haus ihres Gemahls betreten hat. Am Tage der Vermählung wird den ganzen Tag über mit den Freunden im besten Putz gegessen, getrunken, musicirt, gesungen, getanzt, und zwar der Bräutigam mit seinen Freunden auf der einen Seite, die Braut mit den ihrigen gegenüber in einem mehr oder weniger geschlossenen Raume, unter Schutzdächern, bei Reichen auch unter großen Schirmen.

Mohamman's Hochzeitstag war glänzend, sehr viele Bekannte und Freunde besuchten ihn und noch mehr seine hohe Braut, die je unter einem mächtigen Schirme im Hochzeitsputz prangten. Sie wurden beglückwünscht und reich beschenkt.

An 5 Jahre lebte er mit Eisá in recht glücklicher Ehe, aber ohne daß sie sich eines Kindes zu erfreuen hatten. Einst, da er nach etwa siebentägiger Abwesenheit vom Hause die Decke, auf welcher seine Frau gewöhnlich zu schlafen pflegte, zusammengefaltet und in dieser Lage von Termiten zerfressen fand und zwar durch alle Lagen hindurch, schloß er daraus, daß sie während seiner Abwesenheit nicht auf der Decke, und — von Eifersucht erfaßt — vielleicht auch nicht im Hause geschlafen habe. Weder die Frau, noch ihr Mädchen antworteten ihm in rechter Weise auf seine erregten Fragen, und so erklärte er denn ersterer, daß sie ihm überlegen durch Geburt sowohl, als weil er ein Fremder in Kuka sei, daß er aber unter solchen Verhältnissen nicht gesonnen, bei ihr zu bleiben, sondern sie verlassen und in seine Vaterstadt zurückkehren werde. Er sagt, er habe eigentlich halb im Scherz so gesprochen, und sei dies der erste und letzte Streit gewesen, den sie miteinander gehabt; es sei aber an dem Tage keine Aussöhnung erfolgt, und am andern Morgen habe er verstimmt sein Pferd gesattelt und sei fortgeritten, ohne seine Frau gesehen zu haben — fort bis nach Kano. „Abin Allah ni ba ki ta ba, ita ba ki ni ba", Angelegenheit Gottes, ich war ihr nicht gehässig feindlich gesinnt, noch sie mir. Es ist dies eine charakteristische Erzählung und werthvoll für das Verständniß des oft unmotivirten, ganz dem augenblicklichen Gefühl nachgebenden Handelns dieser Leute. Wer es versteht, sie bei ihren Gefühlen zu fassen oder dieselben kennt in ihren Grundzügen und sie nach seinen Wünschen zu lenken weiß, wird viel erreichen und gut mit ihnen auskommen. Uebrigens muß ich bemerken, daß Mohamman, der sonst der nachgiebigste und geduldigste Mensch ist, mit seinen Frauen oft Streit hat, und entschieden die Leidenschaft in ihm ausgebildet ist, die mit Eifer sucht, was Leiden schafft.

Also 1856 etwa war er so urplötzlich nach seiner Vaterstadt zurückgekehrt. Er sagt aber, es that ihm bald leid, die Erinnerung an seine Eisá quälte ihn Tag und Nacht, ihr Bild verfolgte ihn wachend und im Traume. „Zutsia na ba so Haussa ba" d. i. mein Herz mochte die Heimath nicht.

Man muß noch in Betracht ziehen, daß er viel verlassen hatte, nicht nur die Frau und ihr reiches Haus, sondern auch alles, was er selbst besessen und sich während fast sechs Wanderjahren verdient hatte; aber dergleichen, wenn unter solchen Umständen namentlich, achtet der Haussa eigentlich gering, er denkt „Cabu komi Allah akoi" d. h. es thut nichts, Gott lebt.

Nach Verlauf eines Jahres, etwa 1857, faßte er den Entschluß, Eisá wieder aufzusuchen und kam bis Gomba; dort erhielt er die Nachricht von dem Streit zwischen Sehu und Ab'er Rahman. Man erzählte sich, daß letzterer von ersterem getödtet sei, und da er zu den Anhängern dieses zählte, änderte er seinen Entschluß wieder und kehrte zurück, zunächst nach Bautschi. Von hier ging er nach Totó; gerade um jene Zeit wurde Panda zerstört, also 1857. Die Pleiade=Expedition unter Baikie brachte davon die Nachricht. Madugu sagt: „Uban sarikin Totó Makama dogo ta tsi Panda watan azurni mo bedédde ba umukomo gida" d. h. der Vater des gegenwärtigen (?) Königs von Totó, Makama der Lange, hatte Panda gegessen (eingenommen, zerstört) im Monat der Fasten; wir blieben nicht länger, wir kehrten nach Hause zurück. Also Ende 1857 und Anfang 1858. In Kano blieb er nun etwa zwei Jahre, und da er das Junggesellenleben satt hatte so heirathete er mit Hülfe seines Ubandaki Mallam Bámbade eine Jungfrau aus guter Familie, Namens Nana, 1860, die etwa 17 Jahre alt war, deren Eltern aus Daura stammten und seit einiger Zeit in der Stadt lebten.

Nachdem er zwei Monate verheirathet war, bereitete er sich zu einer neuen Reise vor und zwar zu einer dritten Adamauareise, auf welcher er bis nach Gazza kam, den südlichsten Punkt, den er erreicht hat. „Malam Debosa si ne Madugu uma" d. h. Malam Debosa war unser Führer. Sie benutzten den damals betretendsten Karawanenweg, den Turban Jenkari Bautschi westlich und Muri östlich behaltend und meist durch Wald führend, den Dutsin mei fula, d. h. den Berg mit der Mütze, als Wegweiser jenseits des Benuë nehmend und zuerst in Kontscha haltend. Von hier gingen sie unter Führung des Mallam Mohamman den Fillani und des Ubandawaki Idi (den ich noch kennen lernte) auf dem Turban Tsamba (Tschamba Wege) nach Ngaundere und Djermai bis nach Gazza. Nana begleitete ihn. Mohamman mai gasin baki war damals schon ein geachteter Fatake und ein Abokin sauro des Djadji, d. h. ein Freund des Raths des Karawanenführers.

Der Adamauahandel hatte um diese Zeit schon eine ansehnliche Entwickelung erfahren, und namentlich waren durch Ardo Jsa's Kriegszüge die sehr elfenbeinreichen Gebiete des Baialandes erschlossen worden, die eine mächtige Anziehungskraft auf den unternehmenden Kanohändler übten. Jn früheren Jahren, den 30er und 40er, waren nur einzelne verwegene Leute, die nicht viel zu verlieren hatten, in jene Gebiete gedrungen, um entweder überhaupt nicht wiederzukommen oder aus nichts ein kleines Vermögen zu schlagen. Auf solchen Zügen konnten Frauen nicht mitgenommen werden, Hütten wurden für die Nachtrast nur selten erbaut, man marschirte in Eilmärschen mit festangezogenem Leibgurt. Jetzt, nachdem die Kunde von dem plötzlichen Reichwerden solcher Waghälse weite Verbreitung gefunden, das ganze Land vor Ardo Jsa und seinem Kriegsheer zitterte und dieser selbst durch seine Kriegsbeute an Elfenbein und Sklaven die Fatakes lockte, zogen sie in größeren Karawanen regelmäßig unter gehöriger Führung, wie die Gondja Kaufleute, die Goronußhändler.

Eine wohlgeordnete Karawane muß einen Djadji, d. i. Führer, haben, welcher den Titel Ma- oder Maidugu führt (ein Bornuwort, das königliche Hoheit, Prinz bedeutet) und der gewöhnlich „Djadji, kai anassara" angeredet wird, was „Führer, Kopf des Glücks" heißt. Der Djadji hat die Karawane nach außen zu vertreten, unterhandelt mit den Landesherren über die Höhe der Abgaben, geht selbst dafür frei aus und erhält wohl noch ein angemessenes Geschenk von den Gliedern der Karawane. Er hat alle Streitigkeiten, während die Karawane unter seiner Leitung steht, gütlich beizulegen, oder auch die Schuldigen zu bestrafen, und es ist schon vorgekommen, daß berühmten Karawanenführern das Recht über Leben und Tod vom Sariki-n-Musulmin officiell verliehen wurde durch Ueberreichung eines Messers. — Ein Mann, der zum Karawanenführer gewählt werden soll, muß sich allgemein in den Ruf gesetzt haben, persönlichen Muth sowohl, als Umgangsfähigkeit und Klugheit zu besitzen. Jhm stehen zur Seite alle älteren erfahreneren Fatakes der Karawane und täglich abends nach zurückgelegtem Marsch und nachdem das Lager von Grashütten aufgeschlagen ist, versammeln sich diese um ihn und besprechen die Ereignisse des Tages, berathen den Weitermarsch oder erzählen sich Reiseerlebnisse, Begebenheiten aus der Geschichte ihres eigenen Landes sowohl, als aller Völker, mit denen sie in Berührung gekommen sind;

dann, wenn es dunkel wird, erschallt wieder, wie schon um 4 Uhr auch, der Ruf des Mallam:

„Allähu acubár, allähu acubár
„aschádu allā illāha ilallāhu
„aschádu aná Mohammáddu rasúl l'illāhi
„haï ja allá salātu, hāï ja āllafalāki
„kad kamati salatu
„Allāhu acubár, allāhu acubár
„lā illāha ilallāhu (Mohammáddu
„rasúl illāhi sallallahu aleihi wa sallama,)

d. h. Gott ist groß, Gott ist groß! Ich bekenne, es giebt keinen Gott außer Gott! Ich bekenne, Mohammed ist der Gesandte Gottes! Die Stunde des Gebets ist gekommen! Gott ist groß! Es giebt keinen Gott außer Gott! Den in Klammern stehenden Schlußsatz murmelt sowohl der Priester als jeder der Gemeinde dann vor sich in frommer Andacht hin. — Er klingt schön, dieser eigene mit kräftiger Betonung und Modulation reich an langgezogenen Tönen gehaltene Ruf, und wer im Orient war, erinnert sich seiner gewiß; aber doppelt schön und ergreifend klingt er auf der Wanderschaft, und ein Christ, der auch zugleich ein Mensch ist, kann nicht anders als mit beten. Und welcher Friede kommt nachher, nach dieser schönen Gefühlsregung über ihn, wie giebt er sich wieder froh der Arbeit und der Unterhaltung am Lagerfeuer hin, wie sieht er ganz anders dem kommenden Morgen entgegen; und wenn die Sonne eben den Horizont berührt, ertönt derselbe Ruf von neuem. Hier liegt die Kraft des Islam, die überwältigende, für diese Naturkinder; unsere Kirche und die ganze christliche Art wird und muß ihnen noch lange unverständlich bleiben. Man braucht ja nichts mehr zu wissen als diese wenigen Worte und ist ein Bruder und Glaubensgenosse und wird hier unter den Haussa's stets mit Herzlichkeit aufgenommen. Wer die erste Sure kennt — ungefähr so viel wie das Vaterunser —, der hat es schon weit gebracht (d. h. unter den Haussa's kann das wohl jeder Lastträger) und ist somit vollberechtigtes Mitglied einer großen freisinnigen Gemeinde, die er zu jeder Zeit zu seinem Schutz in gerechter Sache anrufen kann und sicher sein darf, zahlreiche Anwälte seiner Angelegenheit zu finden. So stehen jetzt alle möglichen Völker zum Islam in Beziehung und verfallen ihm sehr schnell vollständig, so erweitert sich das Gandu-Sokotoreich in friedlicher Weise, denn alle Völkerstämme, die so in den Kreis gezogen sind, senden dann auch bald Botschaft nach Sokoto oder Gandu direkt oder durch den ihnen zunächst wohnenden Provinzherrn und lassen sich belehnen durch Uebersendung von Feierkleid und Kavani-Turban, Lanze, Schwert und Pferd. Es ist das nur wie eine Auszeichnung, ein Gegengeschenk, und doch zugleich ein Aufgehen in das größere Reich, der erste Schritt wenigstens dazu; aber er bringt auch manchen direkten Vortheil. Das Land ist ziemlich sicher vor plötzlichem Ueberfall und gewaltsamer Unterwerfung durch Mohammedaner, es ist nun ein Theil des großen Ganzen und hat gleiches Recht mit den Uebrigen.

Der Nächste im Range nach dem Führer bei einer wohl geordneten Karawane ist der Ubandawaki, der Dritte der Tschangaba (auch hier wird jener Giwa, d. i. Elephant, genannt, wie denn dem Führer als fürstlichen Kaufmann der Titel Zaki = Löwe gebührt); — dieser ist der Zugführer und sein Titel bedeutet wörtlich: „Dort fern vor uns". Er soll immer an der Spitze des Zuges marschiren. Beide helfen dem Führer bei seinen Geschäften, sammeln namentlich auch die Beiträge ein für die Abgaben von den einzelnen Karawanengliedern, die nach Zahl der Lasten berechnet werden und worüber der Mallam Buch führt. Die Führer können sich dabei leicht auf Kosten der Karawane bereichern und thun es wohl auch; wenigstens schilt man Viele des Betruges. Eine seltene Ausnahme ist mein alter Freund, der sich einen hochgeachteten Namen unter seinen Berufsgenossen erworben hat.

In den 60er Jahren zogen schon Frauen mit auf die Handelsreisen; die Männer waren meist gut bewaffnet mit Bogen und Pfeil, Schwert und Speer, die besser situirten stets beritten; sie führten Schilde, ja selbst Wattenpanzer mit; Madugu war stets, wenn er nur irgend konnte, beritten; er hatte Köcher mit Pantherfell bezogen, die 300 und mehr Pfeile hielten. Er selbst trug gern ein paar Wurfeisen über der Schulter, wie die südlichen Heidenvölker sie führen.

Die Karawane des Mallam Mohamman zählte etwa 300 Mitglieder und traf in Gazza mit einer andern Karawane zusammen, welche *circa 200 Mann stark war. Die Bewohner von Nähabare, ein Ort nahe bei Gazza,* sagt Mai gasin baki, sannen auf Bosheit und fingen Händel an; ein anderer Ort Namens Buschuku folgte dem Beispiele und hier wurden zwei Haussas verwundet. Darauf ging der größte Theil der Männer der beiden Karawanen nach Buschuku, um zu hören, weshalb dieser Friedensbruch stattgefunden. Die Antwort war: „Wir wollen euer

Fleisch!" Ganz ähnlich den Stanleyschen Erlebnissen auf dem Congo; Gazza liegt ja auch im Congogebiet. Der Kampf begann sofort und die Haussa's verloren 7 Mann, erschlugen aber 14 Feinde und verjagten den Rest der Bewohner Buschuku's. Fast drei Monate belagerten die Eingeborenen in großer Uebermacht unsere Haussa's ohne Erfolg.

Da zogen außer den Buschuku's und Näbabare's noch die Bewohner der Orte Bätüku, Konge und Bina vom Ufer des Nanaflusses heran. Es waren an 10,000 Schilde, sagt Mai gasin baki. Die Haussakarawanen lagerten hinter einem Flüßchen. Ein Haussa, Namens Gurba, sagte zum Führer: „Wenn wir abwarten, bis sie uns angreifen, nehmen sie unsere Waaren, Frauen und Kinder. Was haltet ihr davon? Mein Rath ist, den Fluß zu überschreiten und sofort anzugreifen." Sein Rath wurde angenommen und Mai gasin baki sagt: „Allah ya bamu rama um koresu, d. h. Gott gab uns den Tag, wir vertrieben sie. Ama ba don karfi um ba, d. h. aber nicht durch unsere Kraft." Wir erbeuteten Schilde, Wurfeisen, wir fingen Männer und Weiber, selbst einen Prinzen, und kehrten nach gidan Gurgu, d. i. Haus der Gurgu, zurück, ein kleiner Ort, in welchem sie kampirten und dessen Bewohner gezwungen für die Haussa's hatten kämpfen müssen. Zwei Tage rasteten wir daselbst, dann sagten wir zu Gurgu: Wir werden heimziehen. Die jungen Männer von Näbabare und Zaria schlugen vor, die Haussa's auf dem Heimwege im Walde zu überfallen, aber die Alten sagten, sie würden nicht mitgehen, denn hätten sie die Haussa's nicht in ihrem Lande überwinden können, so würde das im Walde erst recht nicht möglich sein. — Um sicher und schnell weiter zu kommen, warfen die Haussa's viel Elfenbein fort und nahmen nur die größten Zähne mit. In 8 Tagen auf Eilmärschen erreichten sie Doka, den Hauptort Baia's. Zwei Männer von Doka, Zando und Biri, nahmen hier einem Haussaknaben Muzuzu vor dem Stadtthor einen großen Zahn Elfenbein weg, den derselbe im Spiel verloren haben sollte. Die nebenstehenden Haussa's wollten das nicht dulden, da aber Zando Gewalt brauchte, erhielt er einen so kräftigen Tritt von einem der Haussa's, daß er niederstürzte. Biri rannte in die Stadt und erzählte, die Haussa's hätten den Zando getödtet und so ertönte auch hier wieder die Kriegstrommel, und an 1000 Dokamänner kamen gerüstet in's Feld und erhielten immerfort Zuzug. Sie drohten, alle Haussa's umzubringen, was durch den Ruf: „Met, met!" ausgedrückt ward. Doch arbeiteten die Haussa's ruhig an ihren Lagerhütten weiter und nahmen keine Notiz von den Prahlern, da sie eben erst so viele überwunden und sich der Fuldehauptstadt und den Stammverwandten jetzt nahe wußten. Mallam Mohamman fragte den Zando, der inzwischen wieder aufgestanden war, weshalb er im Walde habe das Elfenbein mit Gewalt nehmen wollen, ob er nicht Zeit gehabt hätte, zu warten, bis sie sich gelagert und ihm, dem Führer, dann die Klage vorzutragen. Zando erwiderte nur mit einem gewissen Stolz: „Wenn meine Mutter mich nicht so schwer und stark geboren hätte, wäre ich an dem Fußtritt gestorben", und die Haussa's lachten, aber Mallam Mohamman bewahrte den Ernst und sprach: „Zando, Du thatest sehr unrecht, Dein Anverwandter ist König in Doka und Du bist hier gleich einem Sariki-n-Haussawa, das heißt wörtlich: „König der Haussaner" (in dem Sinne von Vertreter ihrer Interessen im Lande), und Du beträgst Dich derart; Du thust dem guten Ruf der Stadt Abbruch!" Zando erwiederte: „Ihr ginget in meinen Wald, d. h. nach Süden, nach Gazza, und brachtet viel Elfenbein mit, dick wie starke Yamswurzeln!" — Man erkennt die hohe geistige Ueberlegenheit und den richtigen, vernünftigen Standpunkt, den die Haussa's diesen Heiden gegenüber einnehmen, leicht aus dieser Verhandlung. Schließlich erkannte dann noch Mallam Mohamman dem Zando einen kleinen Zahn als Schmerzensgeld für den empfangenen Fußtritt zu, und der Mann ging dankbar und froh zu den Seinen über. Die Kriegerschaar kehrte heim, statt ihrer kamen dann bald die Frauen mit Cerealien 2c. zum Handeln, und so hatten die Haussa's abermals durch Klugheit und weise Mäßigung einen Sieg erfochten und konnten der Ruhe pflegen und sich stärken nach dem entbehrungsreichen achttägigen Marsch und den jüngstvergangenen sorgenvollen Monaten bei Gazza. — Nach weiteren 7 Tagen erreichten sie Ngaundere. Der König Ardo Isa, der jetzt anwesend war, hatte von dem Streit bei Doka gehört, und da Zando sein Mann war und auch er der Meinung war, daß die Haussa's sehr viel Elfenbein mitgebracht hätten, so schickte er einfach hin und befahl, den fraglichen Zahn ihm herauszugeben, weil, was im Tsatsa-Hazardspiel verloren sei, bezahlt werden müsse. Da blieb den Haussa's nichts übrig, der Macht des Landesherrn mußten sie sich fügen. Aber Mai gasin baki fragte entrüstet: Seria babu? Ohne öffentliches Gericht nimmt der König hier unser Eigenthum weg? So wahr ich ein Muselman bin, ich setze meinen Fuß nicht wieder in diese Stadt, so lange dieser Ardo

Isa lebt und hier regiert. Und er hat sein Wort gehalten; erst 1882 ging er mit mir auf meinen Wunsch wieder nach Ngaundere. Das Tsatsa ist eine häßliche Leidenschaft, hier wie überall, und die Leute hier verspielen Alles, was sie haben, und oft sich selbst. Wer Nichts mehr hat und doch weiter spielt und immer wieder verliert, muß für die verspielte Summe mit seiner Person haften, wird als Sklave verkauft vom Landesherrn, und der Gewinner erhält seine Forderung ausbezahlt. Trotzdem kommt dergleichen immer wieder vor, namentlich auch unter den Lastträgern, und es ist mir häufig begegnet, daß meine eigenen Leute in den Fall kamen. Ein anständiger Mensch, der sich und seinen guten Ruf achtet, spielt nicht.

Den Rückweg von Ngaundere nahm die Karawane über Kontscha, Gangomé, Gassol um Tarabba, Lafia berebere und Keffi nach Eggan, und traf hier etwa September 1862 oder 1863 ein. Madugu behauptet, daß gerade in diesem Jahr das erste (??) Dampfschiff der Weißen nach Eggan gekommen sei, was nicht stimmt, wohl möglich aber, daß es die erste der regelmäßig in dieser Zeit ungefähr beginnenden Niger-Expeditionen zu Handelszwecken war, durch welche dem Handel der Kakanda — die solange von und nach Badagry hin namentlich die Vermittler gewesen — ein Ende gemacht wurde. — Madugu kam zu spät nach Eggan, das Schiff der Weißen war eben fort, aber mancher Andere hat für sein bei Gazza schwer erworbenes Bein daselbst einen guten Preis erzielt. In Eggan traf er eine Frau, die den Katzenahändler Mallam Mohamman (nicht den Führer) verlassen hatte; sie war hellfarben, groß und schön nach seiner Beschreibung. Dieser Frau hatte man gesagt, daß sie keinen besseren Mann bekommen könne, als den Mai gasin baki. Nun giebt es einen Brauch in Haussa — idda ya tsika — der verlangt, daß eine tugendhafte Frau, die ihren Mann verlassen hat, drei Monate warten muß, ehe sie sich wieder verheirathet, und zwar weil sie etwa inzwischen gewahr werden könnte, daß sie empfangen habe, was ein wichtiger Grund wäre, ihren früheren Mann wieder aufzusuchen, oder auch, daß sie, ohne diesen Grund zu haben, dennoch sich wieder entschließen sollte, zu ihm zurückzukehren. Aisátu wartete die drei Monate, und bot dann Mai gasin baki ihre Hand an, der sie annahm, dankend: Mata moi keao yo so ka, baka ki taba?! d. h. Wenn eine schöne Frau Dich mag, wirst Du ihr's nicht abschlagen?!

Mai gasin baki, der sich in Baia ausgezeichnet hatte, wurde auf der nun folgenden Reise auf dem Wege von Kontscha nach

Tibati zum Madugu und Karawanenführer (also 1863—64) gewählt. In Tibati herrschte damals Ardo Ahmaddu, der ihm auf sein Gesuch gestattete, in die Kurmi, d. i. Wälder, zu gehen. Er ging nach Tem mit einem garo-n-Scherif araraba. Scherif araraba ist der Scherif, der da gern mit andern seinen Reichthum theilt.

Dieser Scherif soll ein Fremder gewesen sein und ein Christ, der sich aber für einen Mohammedaner ausgegeben. Was besonders auffällig, ist, daß er hellblond gewesen und blaue Augen gehabt haben soll, nach Aussage Madugus. Als er gestorben, will man gefunden haben, daß er nicht beschnitten gewesen. Er sei arm und allen unbekannt nach Kano gekommen, ohne die Sprache zu verstehen, habe aber bald sich große Reichthümer in Adamaua erworben und sich durch seine Freigebigkeit jenen Beinamen wie die Liebe und Achtung Aller erworben; trotzdem er sich für einen Mohammedaner ausgegeben, habe man ihn nie beten sehen und habe er auch nie die Moschee besucht, sondern am Freitag sich in sein Haus eingeschlossen. Eine mit ihm verheirathet gewesene Frau aus edlem Geschlecht von Jola ist gegenwärtig mit Madugu mai gosi verheirathet.

Auf dieser Reise begleiteten Madugu außer Nana, von der er kein Kind hatte, noch Aisatu und eine Bornu-Sklavin, Namens Eisá, als Frauen. Mit Goronüssen und Sklaven kehrte er über den Gendero — den höchsten Punkt dieses Gebirges — zurück nach Kontscha und Kano, wo er etwa 1864—65 anlangte und bis 1865—66 weilte und dann eine neue Reise nach Adamaua antrat, die ihn bis nach Kontscha führte. Nana, die zu unduldsam geworden war, namentlich gegen Aisatu, schickte er deshalb mit ihrem Sadaka an die Mutter zurück, welche er in Kontscha traf. Er hatte dieses Mal für 15,000 Muscheln Schwefel mitgenommen (Alkibriss), wofür es ihm gelang, — da er mit der Waare zu sehr günstiger Zeit kam — 5 Lasten Elfenbein, zusammen ein Werth von 1,600,000 Muscheln, einzutauschen. 1866—67 war er wieder in Kano. Hier traf er eines Tages Aisatu und Eisá im Streit. Keine von beiden gab ihm Erklärung auf seine Fragen. Eisá als Sklavin sagte: „Was fragst du mich, frage doch deine Frau!“ Diese aber packte ihre Sachen und ging fort aus seinem Hause zu ihrer Familie. Madugu ging dreimal — das muß der gute Mohammedaner thun — zu ihr, sie wollte nicht zu ihm zurück. Da verschloß er sein Herz gegen sie, und als nachher ihre Familie ihn wieder aufsuchte und kurz vor seiner neuen Abreise selbst Aisatu mitbrachte, die nun — zu spät — sich doch wieder besonnen hatte, bei Mai gasin baki zu bleiben, da erwiderte er: „na tse ku bertä, niba so ba mai fadda, ni na gadji, d. h. ich sage ihr, laßt sie (wo sie ist), ich mag die Zanksüchtige nicht, ich bin (des Streites) müde!"

1868, vor seiner neuen Handelsreise, heirathete er Mairamma (Marie). Dieser Name der Mutter Jesu wird auch als Ehrentitel für alle Frauen von königlichem Blut gebraucht. Mairamma ging hervor aus den Frauengemächern eines Freundes des Kanoherrn, mit Namen Dan Tauschi, der, aus Daura gebürtig, den Beinamen Djatan Aminin Sariki, d. h. der weiße Königsfreund, führte.

An dieser Mairamma lobt Madugu die Treue, die sie ihm stets bewahrt, und wie er mir gestand, liebt er sie auch jetzt mehr, als jede andere. Nur dürfe sie das nicht wissen, um sich nicht zu sehr das Befehlen anzugewöhnen und dem Hausherrn seine Rechte streitig zu machen.

1869 ging er sodann mit Mairamma und Eisá nach Kontscha und Bagnio mit zwei Pferden und zwölf Trägern. In Kontscha kaufte er ein drittes Pferd für den Werth von drei Sklaven. Auch diese Reise war recht günstig für ihn; besonders vortheilhaft gestaltete sich das Geschäft mit einer neuen Perle, von der er 1 1/2 Centner mitgebracht hatte. Auf dem Wege nach Bagnio, den er wieder über den Gendero und durch die verrufene Ortschaft Dodo machte, wurde er unbedeutend bestohlen. Die Aufnahme, die er in Bagnio fand, bei dem Jarima, Thronerben des Haman Gabdo von Kontscha, dem älteren Bruder des gegenwärtig dort regierenden Usuman, lobt er sehr. Der Ort war neu und das ganze Gebiet noch wenig von Haussa-Fatakes besucht und er daher sehr willkommen. Er eröffnete denn auch die Kurningora und das Gebiet bei Patoko, jetzt der wichtigste Elfenbeinmarkt des Kontschagebietes. Er besuchte Tem, Kinkan und Luggere. Er kaufte Elfenbein, Sklaven und Goronüsse und machte namentlich mit letzteren ein vorzügliches Geschäft. Er richtete sich in Bagnio häuslich ein und wurde dort gewissermaßen bevorzugter Hoflieferant, der alles, was der Landesherr für sich und die Seinen und den Hofstaat an fremdländischen Erzeugnissen brauchte, durch Madugu beschaffen ließ.

Mit 18 Sklaven und 2 1/2 Centner Bein zog er dann schließlich wieder nach Westen bis Eggan und Ilorin. In Eggan verkaufte er sein Bein, ließ die Waaren aber dort zurück. Während er in Ilorin war, brach in Eggan ein großes Feuer aus, welches den größten Theil der Stadt in Asche legte; aber das Haus, in welchem Madugu's Waaren lagerten, blieb unversehrt. Alla ya i mini klantu, Gott hatte mir ein Geschenk gemacht!

Er kehrte nun wieder nach Bagnio zurück, reich mit Waaren für seinen Jarima Jiadji von Bagnio versehen, und traf Anfang 1872 dort ein. Hier ward ihm die große Freude, zum ersten Male Vater zu werden. Die Bornusklavin Eisá gebar ihm einen Sohn, den er Allabira taufte. Allabira ist eine Umschreibung für Jessúfu (Joseph) und bedeutet so viel wie „Gott laß ihn mir". „Alla bir mini wonan".

Um diese Zeit hatte Baero von Sokoto seinen großen Kriegszug in das Djukugebiet getragen und machte diesem Reiche fast ein Ende, so wie er Lafia gebrochen und dessen ganze Umgebung zerstört. Baero ist ein Enkel des großen Bello und Sohn des Abubakr, welcher der Vorgänger Mazu's war. Dieser schickte wohl zehn Mal Boten an seinen Sohn mit der Aufforderung, heimzukommen. „Jaro ta bata mini dunia!" „Der Junge zerstört mir die Welt!" klagte er, doch Baero kam nicht. Da beauftragte der Herr der Gläubigen seinen Lehnsmannn, den Provinzherrn von Zaria, ihm den Sohn mit Gewalt heimzubringen, bei Verlust des Ravani (Turbans), d. h. seiner Herrscherwürde, und dieser belagerte den Belagerer mit großer Heeresmacht, worauf Baero sich in das Unvermeidliche fügte und heimkehrte. Bald darauf zog dieser nämliche gewaltige Krieger gegen Gobia zu Felde. Die Gobia sind die nächsten Verwandten des Sokotogeschlechts, aber die Heidnischen (weibliche Linie) und, von den mohammedanischen Herrschern aus Sokoto vertrieben, daher stets wieder mit denselben in Streit und Kampf. Baero stürzte mit seinem Pferde, die Schlacht war verloren; er lag verwundet unter seinem Thiere und wurde so von den Feinden gefunden. Der König von Gobia bot ihm Pardon und forderte ihn freundlich auf, zu ihm zu kommen. Baero, verwundet unter seinem Thier liegend, schimpfte auf die Boten und den, der sie gesandt und wurde schließlich nach heftiger Gegenwehr getödtet.

Ist ein neuer Weltbürger geboren, so findet die Taufe nach Sitte der mohammedanischen Haussa's am achten Tage statt. Sie laden ihre Freunde dazu ein und ein Mallam besorgt die Taufe, wofür derselbe bei wenig bemittelten Leuten etwa 5—10 Goronüsse und 200 Muscheln erhält, bei reicheren mehr. Der Vater wählt den ihm gefälligen Namen und theilt ihn heimlich dem Mallam mit. Dieser spricht ihn dann im Gebet aus mit dem Nachsatz: „Allah si reia", d. i. „Gott gebe ihm Leben!" Es sind nur die Männer versammelt bei dieser Handlung, den Frauen, der Mutter besonders, die von zahlreichen Freundinnen umgeben ist, wird die Nachricht dann zugebracht. Die Frauen haben — wie auch bei der Hochzeit — für reichliches und besonders gutes Festessen zu sorgen und nachdem die Handlung vorüber ist, erzeigt man diesem, unter Austausch von guten Wünschen, alle Ehre; die Goronüsse dürfen natürlich nicht dabei fehlen. Der Wöchnerin giebt man „Kunu da iadji da zumma" etwa 40 Tage lang und am dritten oder vierten Tage Kuffen Sania zur Stärkung; das erstere ist eine wässerige Mehlspeise mit Gewürz und Honig, das letztere sind gekochte Kuhfüße. Wer es irgend sich erlauben kann, schlachtet einen Ochsen, oder wenigstens ein Schaf oder eine Ziege zu solcher Feier.

Bald nach der Taufe seines Sohnes verließ Madugu Bagnio und ging nach Westen bis nach Eggan. Von Eggan kehrte er dann über Abudja nach Kano zurück, kaufte sich nun, da er einen Erben hatte, ein neues großes Haus, baute dasselbe schön aus und stand etwa auf der Höhe seines Glückes. Er hatte sich ein schönes Vermögen und einen guten Namen erworben, hatte ein größeres Haus in Bagnio und das neue in Kano, und für neue Reisen war ihm ein großer Kredit angeboten. Bevor er noch ganz mit dem Ausbau seines Hauses fertig war, fand sich wieder ein Grund für eine neue Heirath. Madugu sagt: Ni kodei, ni amre Hazara ama ya; delili, d. h. Ich war begehrlich, ich heirathete Hazara, aber es war ein Grund vorhanden.

Es war am Tage des baba-n-Sálla, der Feier des Ramadan — eine erhebende schöne Feier —, an der sich Jeder betheiligt. Der König und seine Großen ziehen auf stolzen Rossen im Putz und Kriegsschmuck, von Gewaffneten und Panzerreitern umgeben, hinaus vor das Stadtthor; auf freiem Felde steigen Alle ab und lagern in langen Reihen vor dem Priester. Jeder hat seine Waffen vor sich auf der Erde liegen, rund umher wiehern und stampfen die stolzen Rosse. — Während der Priester das Gebet spricht, herrscht feierliche Stille, die Gemeinde betet dann mit ihm, erhebt sich und kniet nieder, mit der Stirn den Boden berührend „Min tuba murin Allah", „ich beuge mich vor Gott", und nachdem das Glaubensbekenntniß gesprochen ist, das stets ergreifende „Allähu acubar ꝛc.", und die Gemeinde die Schlußworte überzeugungstreu mitgemurmelt hat, werden die Waffen ergriffen, man schüttelt sich gegenseitig die Hände, beglückwünscht sich, den großen Tag miterlebt zu haben, schwingt sich in den Sattel, und unter Flintengeknalle und Rufen und Jauchzen, den Klängen von allerlei Musikinstrumenten, unter denen das Kakaki (ein langes Blechinstrument mit Posaunenklängen, Attribut der Herrscherwürde) immer wieder durchtönt, unter allerlei kriegerischem Spiel zieht der Gewaltige, von seinem Volke umjubelt, wieder in die Stadt. Auf dem Heimwege drängt Jeder sich heran, ihn zu sehen und von ihm bemerkt zu werden, ganze Gruppen Reiter mit flatternden bunten Gewändern und buntem, metallbeschlagenem, pantherfellbekleidetem Geschirr und Sattelzeug sprengen auf den Herrscher zu und pariren, ihm die bewaffnete Rechte entgegenschüttelnd, hart vor ihm.

An solchem Tage war unser Madugu mit seinem Mai ungwa, d. i. dem Vorsteher seines Stadttheils, auch hinausgezogen. Auf dem Heimwege, wo in allen Thüren dann die geputzten Mädchen und Frauen stehen, um den Zug zu sehen und nach ihrem Ritter oder demjenigen, der es werden soll, auszuschauen, forderte ihn dieser auf, ihn zu einer seiner Schwiegermütter zu begleiten, welche aus Nufe heimgekehrt war. Diese war im Kriege von dem Herrn Birni-n-Guari gefangen worden. Der König aber gab sie frei, weil ihr Vater, obwohl ein Kano-Mann von Geburt, in seiner Stadt groß geworden war. Ihr Name war Hazara. Sie war noch jung und auch eine schöne Frau und vorzügliche Hausfrau. Von alle dem konnte Madugu freilich im Augenblicke nichts gewahr werden, denn nach Landessitte kniete sie, in ihre Tücher ganz verhüllt, mit abgewendetem Gesicht vor dem Herrenbesuch. Der Mai ungwa und Schwiegersohn drückte ihr seine Freude aus über ihre Rückkehr und gab ihr den Rath, nun in Kano zu bleiben und sich zu verheirathen. Sie erwiederte ihm, daß sie gern ihm zu Willen sein werde, falls sich ein braver Mann finden sollte, der sie zum Weibe begehrte. Darauf wandte sich jener scherzend an Madugu. Hier ist eine gute Frau zu haben, Freund, laß die Gelegenheit nicht unbenutzt vorübergehen. Madugu erwiderte, er habe schon zwei Frauen. Der Mai ungwa meinte, das sei kein Hinderungsgrund, da das Gesetz v i e r gestatte und — sie wurden einig. Madugu sandte seiner neuen Braut Kurdi (Geld), Goro (Kolanüsse) und Turare (wohlriechende Stoffe) und nach wenigen Tagen wurde Hochzeit gefeiert und die Zabo-n-aruria, d. i. die Neuvermählte, kam in sein Haus; natürlich zum größten Aerger und Leidwesen der Meiramma, die auch sofort das Haus zu verlassen drohte. — Madugu sagt: na safe ta, d. h. ich sprach ihr freundlich zu. — Mairamma aber: ba za ni zamua ba, d. i. ich bleibe unter keinen Umständen! Madugu überlegt: matse ta fada, namidji ba za si am re ba? aa! die Frau will zu bestimmen haben, ob der Mann eine neue Heirath eingehen will oder nicht? Nein, das geht nicht. Ba dukianki ba, da dukiana za ni amre, d. i. Nicht mit deinem Gelde, mit dem meinigen heirathe ich sie. Und Mairamma packte ihre Sachen, 4 Körbe voll Zeug! nahm drei kleine Mädchen, ihre Dienerinnen, von Madugu ihr geschenkt, mit — Don dadiu amre, na bata, weil die Ehe süß war, gab ich ihr so viel! — und verließ Madugu. Ta tse don dukia za nifusi. Madugu durchschaute seine Mairamma, sie nahm all diese Werthsachen mit aus seinem Hause, damit er deshalb sie zurückhalten sollte. Kai, ba i ba, d. i. Nein, deshalb niemals! und er ließ sie ziehen. Sie blieb etwa zehn Tage fort und schmollte bei ihren Verwandten. Da schickte Madugu zu ihr und ließ sie bitten, doch wieder in sein Haus zu kommen, er wolle nach Adamaua reisen. Mairamma kam nicht. Nach abermals zehn Tagen schickte er wieder zu ihr und zwar eine redegewandte gute Freundin, welche ihr — die nun wohl auch inzwischen sich in das leider in Haussa dem Manne zustehende Recht gefunden zu haben schien — so zuzureden verstand, daß sie nachgab und zu Madugu zurückkehrte. Zwei Tage war Madugu nun wieder bei seiner Uwar gida Mairamma (die oberste Frau, die Vorsteherin des Hauses), dann sagte er zu ihr, sie möchte sein Haus hüten, während er auf der Reise sei und nahm die Hazara und Eisá mit. „Mun tafi da ita, ba za ta dadi ba, d. h. wenn wir sie mitgenommen hätten, würde sie es doch nicht angenehm gefunden haben." Der alte Streit hätte sich sicher bei jedem kleinen Anlasse erneut. Allabira war damals gerade von der Brust entwöhnt, als Madugu 1874 die neue Reise nach Bagnio antrat.

Umoru Sanda von Jola weilte damals ein Paar Tage in Kano auf seiner Rückreise vom Krönungszuge nach Sokoto, und als dieser aufbrach, schloß sich ihm eine große Zahl Adamauahändler und auch Madugu mai gasin baki an. Es war selten eine so große Karawane nach Adamaua gezogen. Mai gasin baki trennte sich bei Bumanda, in der Nähe von Muri, von derselben und ging nach Bagnio. In Bagnio heirathete er noch eine Sklavin seines Hauses, ein Tikkarmädchen, Namens Dogarra, und blieb nun als Großkaufmann daselbst, seinen Leuten Waaren anvertrauend, und sie nach dem Süden in die Kurmi nach Elfenbein, Goronüssen und Sklaven schickend. Er hatte aber durch Gutmüthigkeit und Nachsicht harten

Stand wider dieselben. Er verlor viel und verbrauchte viel im Haushalte. An Geben gewöhnt und von einem gewissen Stolz als reicher, fürstlicher Kaufmann den meist mit Geldnoth kämpfenden Landesherren gegenüber, gab er viel Kredit und erhielt wenig mehr wieder als leere Versprechungen, behielt dabei aber den nämlichen Gleichmuth wie Fugger, da er den Schuldschein Karl's V. in's Feuer steckte. — Inzwischen wurde ihm von Dogarra ein zweiter Sohn geboren, den er Bubakr — in der Umschreibung Garba — taufte. Mit diesem Namen ist der Begriff der Gewandtheit und Schlauheit verbunden.

1879 fehlte es Madugu an Waaren, und da er denn doch einiges Elfenbein gekauft hatte, kehrte er nach Westen zurück zur schlechtesten Zeit, die er hätte wählen können, zur Zeit des Mutumkys (d. i. die Corrumpirung des Namens Mac Intosch, woraus Makintis und schließlich Mutumkus im Munde der Haussa's geworden ist). Dieser umsichtige Kaufmann, Chef-Agent der National African Co., steuerte dem Verfall des englischen Handels am Niger durch die Vereinigung (Amalgamation) der vier stark konkurrirenden englischen Firmen und Abstellung vieler Ungehörigkeiten, die lähmend auf die Ausdehnung und den gehörigen Aufschwung des Handels wirkten. Aber die Einführung des Monopols dieser Compagnie war mit einer so großen Preiserniedrigung verbunden und kam so plötzlich und namentlich für die Elfenbeinhändler so unerwartet, daß sie diesen Wunden schlug und viele der Händler, die meist mit Credit arbeiten, vollständig ruinirte. Auch Mai gasin baki löste so wenig für sein Elfenbein, daß er es unter dem Arme mit nach Hause tragen konnte. Nicht Jeder, sagt er, hätte damals, wie er, den Muth gehabt, wieder von vorne anzufangen: y a zamna tolan tsi, d. h. er würde in Armuth verblieben, verkommen sein! und Viele sind so verkommen zu jener Zeit. — Er ging über Wukari nach Donga und Asaku abseits den früheren Wegen, um sich in seiner Armuth nicht den alten Bekannten zu zeigen. Donga hatte lange schon von ihm gehört und glaubte, er brächte Reichthümer, behandelte ihn trotz der Enttäuschung aber doch recht gut. In Asaku gelang es ihm nach dreimonatlichem Aufenthalt und bei großer Sparsamkeit, zwei Zähne zu erstehen, für die er in Wukari je 800 und 750 Karfi, d. s. Messingstangen, erhielt. Auf's Neue zog er dann von hier mit 6 Traglasten Salz und 2 Adile Zeug nach Asaku zurück und kehrte mit etwa 3 Zähnen dann nach Loko zurück; hier traf er gute Freunde, die von

Adamaua gekommen waren. Die Preise waren durch die französische Konkurrenz wieder bedeutend gestiegen, so daß er einem Gläubiger, der ihn mahnte, etwas Abzahlung machen konnte. Die abreisende große Karawane wählte ihn zum Führer; es waren an 5000 Personen. Der Mallam dieser Karawane, ein intriganter Joruba-Mann, verleitete ihn, sich auf Kosten der Karawane zu bereichern. „Kaya, wan da tsi dukiar fotake base da amfani." „Siehst Du, wer sich durch fremdes Eigenthum bereichert, hat keinen Nutzen davon!" bemerkte mir Madugu beim Erzählen dieser Thatsachen. „Man gab mir noch dazu ein Geschenk von 900 Karfi (Messingstangen), du y a calatse, d. h. Alles ist verloren gegangen." Er war diesmal in Kontscha geblieben und kehrte ärmer denn je und diesmal zu Fuß und mit dem Bewußtsein eigener Schuld den weiten Weg zurück. Das war im Februar 1882, und gerade um diese für uns Beide so günstige Zeit traf ich ihn und in einer Gemüthsverfassung, die es ihm nicht denkbar erscheinen ließ, je wieder vom Tugendwege abzulassen. Beim Brunnen in Loko sah ich den alten Mann zuerst; er war in gedrückter Stimmung, aber geläutert durch das Schicksal, und alle guten Eigenschaften, die ihm angeboren waren, kamen jetzt erst recht zur Geltung. Auch er sah es, und zwar schon damals, wie eine Fügung der gütigen Vorsehung an, daß ich mich an ihn wandte.

Ich hielt anfangs gerade von jenem frömmelnden Joruba-Mallam, dem es gelungen, den ehrlichen Madugu einmal vom Wege des Rechten abzulenken, weit mehr, weil derselbe in die Augen fallende, bestechende Eigenschaften hatte, lernte aber bald den großen Unterschied zwischen beiden kennen und schätze mich glücklich, einen Mann kennen gelernt und zum Freunde — in des Wortes schönster Bedeutung — gewonnen zu haben, wie diesen Mohamman mai gasin baki.

Allgemeines
über die
socialen Verhältnisse und den Volkscharakter der Haussa's und Fulde's.

Neben den Bornu's sind im westlichen Sudan namentlich das Volk der Haussa und das der Fulde zu nennen, als Vertreter einer höheren Gesittung und Intelligenz, als Träger und Pioniere der Kultur. Physisch wie psychisch sind diese beiden, welche hier den Gegenstand unserer Betrachtungen bilden, sehr verschieden, aber der gemeinsame Glaube vereint sie, und da die socialen Zustände und Rechtsverhältnisse auf diesem — dem Korân — basiren, die Menschen oft eben durch ihre sehr verschiedenen Eigenschaften auf einander angewiesen sind, so kommen sie verhältnißmäßig gut mit einander aus.

Die Haussa's sind seßhafte Ackerbauer; die Fulde's sind nomadisirende und daher auf einander angewiesene Hirten und vertauschen gern die Erträge ihres Fleißes. Die Haussa's haben blühende Städte, die in stetem Wachsthum begriffen sind, haben schon lange ein geordnetes Staatswesen, zählen eine Reihe einiger Hundert berühmter Könige in die Vergangenheit zurück und kennen und schätzen deren innere und äußere Erfolge für Land und Volk; sie haben eine entwickelte Industrie und blühenden Handel, daher starken Fremdenverkehr und ein offenes Auge für die Außenwelt. Die Fulde's leben abgeschlossener, verhalten oft sich umgekehrt gegen die Fremden, haben weder Industrie noch Handel und tauschen ihre geringen Bedürfnisse gegen die Ueberschüsse der Erträge ihrer Heerden ein, die sie von Weidegrund zu Weidegrund treiben, in patriarchalischer Art unter einem Familienoberhaupt in größeren und kleineren Gruppen zusammenlebend und sich bei zunehmender Vermehrung immer wieder trennend und absondernd, wie einst Abraham und Lot im Buch Mose XIII 6—12.

Der Haussa erscheint mehr von untersetzter Gestalt, ist gedrungen fleischig, von guter Muskulatur, dunkelfarben mit kurzem Wollhaar und Negertypus, der Fulde dagegen schlank und sehnig, hellfarben mit langem weniger krausem Haar, von mehr kaukasischem Gesichtsausdruck. Auch bei den Haussa-Frauen tritt das Runde, Volle, Fleischige der Formen, die dunkle Haut, das kürzere krause Haar und der sinnlichere Gesichtsausdruck, in gleichen Gegensatz zu den hellfarbigen, oft südeuropäisch-weißen schlanken Gestalten der Fulde-Frauen mit länglich-ovalen, schärfer ausgeprägten und edleren Gesichtsformen, größeren und schöneren Augen und langem in Flechten geordnetem Haar.

Die Haussa's sind im Allgemeinen klug und einsichtsvoll, tolerant in Glaubenssachen, muthig und männlich stolz, dem Lebensgenuß leicht ergeben und doch oft sehr mäßig, witzig, heiter, freigebig, gastfrei und herzlich gemüthvoll, aber auch streitsüchtig und leichtgläubig, zuweilen ebenso gedankenlos wie lügenhaft aufschneiderisch, selbstsüchtig, betrügerisch und eigenmächtig; Alter und Erfahrung wird hochgeachtet, dagegen ist das Familienleben oft locker. Die Fulde's sind dagegen verschlagen, schlau, weniger tolerant, voll Leidenschaft, oft hochmüthig und anmaßend, rachsüchtig und nachtragend, geizig, aber auch ernster und strenger, dankbar und treu zu ihrer Ueberzeugung haltend, oft selbst eine kleine ihnen erzeigte Wohlthat nicht vergessend, Ordnung und Gesetz achtend und aufrechthaltend, empfindsam, weich und friedliebend; das Familienleben erscheint sehr ausgebildet, und der Besitz wird auf die Kinder nach dem Recht der Erstgeburt übertragen.

Trotz dieser eben weiter ausgeführten Characterisirung der beiden Völkerstämme muß zugegeben werden, daß es heute nicht nur nicht leicht, sondern fast eine Unmöglichkeit ist, einen Haussa von reinem Blute herauszufinden unter dem Mischvolk mohammedanischen Glaubens, bei welchem sich Sprache und Sitte, und auch wohl viele Charactereigenthümlichkeiten der Haussa's fortgepflanzt haben. Die Characterisirung gilt auch für dieses sich Haussa nennende Mischvolk. Es fließt ja fast das Blut aller Völker von den Gestaden des Indischen Oceans im Osten, des Mittelländischen Meeres im Norden und des Atlantischen im Westen und Südwesten, bis wenige Grade nördlich vom Aequator, also fast aller Völker bis nahe an das Congoufer im Süden, in ihren Adern. Aehnlich geht es mit den Herrschergeschlechtern der Fulde's und den Städtebewohnern — nur unter den nomadisirenden Fulde's giebt's noch manche Ausnahmen. — Die Gegensätze zwischen Haussa und Fulde bestehen wohl und sind auch für den Fremden leicht erkennbar, dennoch hat eine große Annäherung stattgefunden.

Die allgemeinen Zustände sind in den Haussastaaten denen Deutschlands im Mittelalter in mancher Hinsicht ähnlich. Staatlich ist ein vollkommenes Lehnsverhältniß ausgebildet. Der Herr von Sokoto setzt Gouverneure über die Provinzen seines Reiches und über einzelne Städte mit größerem oder kleinerem Gebiet und außerdem in der zu seiner Residenz gehörenden Landschaft Statthalter, in seiner Hauptstadt Würdenträger, Richter, Priester und Vorsteher aller Art von Geschäften ein. — Er selbst — der Sariki-n-Musulmin, d. h. König der Gläubigen — wird durch Wahl bestimmt, und zwar nur aus den Nachkommen (Eian) Sehu's und durch die ersten Würdenträger (Waziri, Ubandoma, Wazirin Gandu, Uwar gari) seines Vorgängers nach vorhergegangener Berathung. Der Waziri, mit dem Beinamen Giwa, d. h. Elephant, ist der nächste nach dem Sariki (König), welcher Zaki, d. i. Löwe, genannt wird. Diesem sind die besten Provinzen des Reiches unterstellt zur Verwaltung, und er hat die Auswärtigen Angelegenheiten, namentlich mit dem Norden und Osten (Tuareg-Völker, Bornu ꝛc.), wie alle wichtigeren Staatsangelegenheiten zu erledigen. Jeder Provinzherr hat seinen Ubandaki, d. i. Hausvater, in Sokoto, der sein Interesse dort vertritt und an den er sich in allen Fällen zunächst um Vermittelung zu wenden hat.

Es ist dies entweder ein Königssohn — dem dadurch Existenzmittel geschafft werden — oder ein mächtiger Höriger, der auch zuweilen mit dem Titel Jekada, d. i. Gesandter, ausgerüstet mit wichtiger Botschaft — meist Forderungen, eine bestimmte Anzahl Sklaven zu liefern — nach der Provinzhauptstadt geschickt wird. Die Lehnsoberherrschaft wird durch Geburt bestimmt und vererbt oder wenn frei, erblich verliehen, oft gegen Uebernahme bestimmter Pflichten; der Jekada ist eine ein- und absetzbare Vertrauensperson, ein oberster Beamter, der namentlich Personen- und Lokalkenntnisse haben muß und der vornehmlich zu vermitteln hat, daß des Lehnsherrn Wünsche befriedigt werden, ohne den Lehnsmann zu sehr zu drücken, und der gewöhnlich daneben noch Zeit findet, an sich besonders zu denken.

In einigen Provinzen wird der neue Gouverneur von den Mächtigen seines Gebietes gewählt oder vom Vorgänger vor dessen Tode bestimmt und von Sokoto bestätigt. Dieser muß dann erst eine Reise nach Sokoto machen, wo er alsdann gekrönt und seiner Würde hierdurch ein größerer Glanz und Heiligenschein verliehen wird. Zuweilen auch sendet der Sariki-n-Musulmin einen Mächtigen, um den gewählten Fürsten seine Zustimmung öffentlich ertheilen zu lassen, wofür der Betreffende immer viel zahlen muß.

In der Hauptsache aber wird von Sokoto aus der Nachfolger bestimmt und zwar durch ein Schreiben, das wie ein Loos — scheinbar durch höhere Entscheidung — einem der Thronberechtigten zufällt. Man sendet einen ersten Würdenträger mit so viel Briefen, als berechtigte Thronkandidaten in der betreffenden Provinz oder Stadt vorhanden sind, von denen nur einer die Bestätigung des neuen Herrschers enthält, die übrigen leer sind. Wem das beschriebene Blatt zufällt, der ist der von Gott erwählte Nachfolger, und es heißt dann: Wanan ba um ne ba, Allah kienan! d. h. Nicht wir (v. Sokoto) sind es, die den neuen Herrscher bestimmt haben, sondern Gott hat entschieden!

Daß trotzdem Alles so eingerichtet wird, wie es die Mächtigen des Landes wünschen, ist klar und auch im Volke nicht unbekannt; aber auch dieses hat seine Stimme, und wer Provinzherr werden will, muß diesem, wie den Großen des Landes zu gefallen verstehn. Die interessantesten Intriguen spielen hier, wie bei uns; gekränkter Stolz, Herrschsucht und Leidenschaften aller Art sprechen mit, kämpfen oft einen Vernichtungskampf selbst gegen die getroffene Entscheidung; Brudergeschlechter wüthen gegen einander und stürzen Land und Volk in Noth, ebensowenig auf das Verbot ihres obersten Lehnsherrn achtend, als auf Recht und Gesetz, noch auf die heiligsten Bande, wenn die Leidenschaften einmal entfesselt sind. Eingehende historische Belege — die hier nicht am Platz sind — werden bei Gelegenheit gegeben werden.

Die Provinzherren setzen ein oder bestätigen in ähnlicher Weise, Würdenträger in Stadt und Land und Stadthalter in den verschiedenen Ortschaften ihrer Provinz senden ihre Jekada's (Gesandte) an letztere u. s. f. — Die Haussa's, die sich in ein solches schon ziemlich komplicirtes Getriebe ganz hineingelebt haben, sind daher auch die besten Berather für staatliche Einrichtungen im Auslande, wie bei den Fuldeherren, und machen sich diesen unentbehrlich. Sie wissen namentlich die Finanzen zu heben, wissen durch Erschließung neuer ungeahnter Quellen sich die Macht durch die Verwaltung zu sichern, und so ist schon zuweilen ein einfacher Kaufmann, ja selbst ein Lastträger hier und da zum einflußreichsten Mann im Staat oder zu einer Art Oberbürgermeister, zum kommandirenden General 2c., geworden. — Die Haussa's erobern sich das Ausland friedlich, sie sind wahre, sich und dem Auslande nützende Kultur-Pioniere; die herrschenden Fulde's und ihr Anhang leben von Sklavenkriegen. Die ersteren werden uns immer nützliche Vermittler bleiben und nur vom rein christlichen Missionsstandpunkte aus wäre ihr Vordringen in heidnische Gebiete schädlich zu nennen, anders das Vordringen der Fulde's, welche die eroberten Gebiete meist entvölkern und verwüsten.

Zu Anfang unseres Jahrhunderts fanden im westlichen Sudan große, namentlich für die sogenannten Haussastaaten bedeutungsvolle Ereignisse statt, und die wenigen historischen Daten, die uns über jene und angrenzende Gebiete des westlichen Sudan zur Verfügung stehen, beginnen erst mit dem Auftreten Sehu Bonifodio's einigen nachweisbaren Zusammenhang und größere Verläßlichkeit zu zeigen. Die staatlichen Umwälzungen, welche damals durch das seither verachtete und unterdrückte Fuldevolk im Glauben an die heilige Sendung ihres Sehu zu Wege gebracht wurden, verdienen Bewunderung, weil sie nicht nur zerstörten, sondern noch viel mehr errichteten und neu bauten. Sie führten zur Bildung des mächtigen, die Haussastaaten umfassenden, jetzt verhältnißmäßig wohlgeordneten theokratischen Doppelreiches Gandu und Sokoto.

Die Haussastaaten bestehen aus den sogenannten Haussa- und banza-bokoi und den neueren Provinzen. Haussa bokoi (i. e. die sieben Haussa) umfaßt 7 Provinzen, welche unter Haussafürsten, direkten Nachkommen von Bäo, stehen. Letztere sind:

Männliche Nachkommen von Bäo:

1. Maganda, Herr von Katzena oder Gobirr.
2. Daura, Herr von Daura, mit dem Beinamen Kain-Eian-Bäo, i. e. Haupt (ältester) der Nachkommen Bäo's.
3. Biram, wurde Herr von Bornu, daher der Beiname „ta Gabbas (des Ostens)".
4. Räno auta-n-eian Bäo, der jüngste der Nachkommen des Bäo. Räno gehört seit der Fuldeherrschaft zu Kanö.

Weibliche Nachkommen von Bäo:

5. Fará (Provinz Zamfara).
6. Zária (Provinz Zária).
7. Kanau. Von Kanau ist der Ortsname Kanö abgeleitet.

Zu den banza-bokoi, i. e. zu den werthlosen, schlechten 7 Provinzen gehören: Bautsi, Hadidjia, Nufe, Gombe, Jlorin. Die fehlenden beiden konnte ich nicht mit Sicherheit erfahren.

Die Herren von Sokoto stammen weiblicherseits von Gobirr ab.

Vor den im Anfang unseres Jahrhunderts geführten heißen Kämpfen, welche die früher friedlichen, gedrückten Fuldehirten und Priester um die Vorherrschaft über alle Länder von der großen Kurve des Niger bis an die Quellen des Benuë führten, waren eben diese Fulde's nur gegen Tributzahlung im Lande geduldet, weil man die Erträge ihrer Heerden gut gebrauchen konnte. Der Hauptreichthum der Fulde's bestand in Viehheerden. Die reicheren, in Städten ansässigen Fulde's waren einzelne Günstlinge und Gelehrte, die das Nomadenleben aufgegeben hatten und als mächtige Sklaven der Haussaherren lebten, sich das Haupt vor denselben mit Staub bestreuten bei der Begrüßung. *) Die Fulde's waren nicht nur nicht beliebt, sondern ein Gegenstand des Spottes und der Verachtung; die Haussa erlaubten sich ihnen gegenüber alle Art der Bedrückung. Als arme Nomaden, hatten sie in der That nichts als ihr muschelbesetztes Fell, ihre Pfeile und Bogen und die Gatarl (Streitaxt); was sonst von Werth in ihrem Besitz gesehen wurde, konnte ihnen von Jedwedem weggenommen werden, ohne daß sie die Plünderer bestrafen konnten oder durch eine Klage Genugthuung fanden; selbst ihre Frauen und ihr bestes Vieh mußten sie oft genug hergeben.

Sehu Bonifodio war in der That der Erretter des Volkes aus socialer Noth; er führte die Fulde's durch den Glauben an ihre Auserwähltheit und besondere Gottgefälligkeit sogar auf eine solche Höhe, daß sie, die ehemals geknechteten Hirten, jetzt die Herren und Eigner des Landes wurden.

Man stellt sich die Fulde's, wenn von jenen blutigen Kämpfen zu Anfang unsers Jahrhunderts die Rede ist, stets beritten vor und den „armen" **) Heiden weit überlegen. Man dachte sich hier im Westen das Verhältniß gleich dem der Heiden zu den Arabern im Osten; das ist aber ein Irrthum. Nur einige wenige Stadtfulde's verstanden überhaupt zu reiten; die große Masse fürchtete sich vor Pferden, und die Haussa's erzählen noch heute mit Lachen, daß ein Fulde, der ein Pferd besteigen wollte, es gewöhnlich zuerst vorsichtig an eine kleine Bodenerhebung oder einen Baumstumpf führte, um von diesem aus hinaufzuvoltigiren, und oft wieder an der anderen Seite herabfiel, wenn das Thier vor der Zeit unruhig wurde. Die wenigen Ausnahmen unter ihnen, die gut reiten konnten, waren Günstlinge im Dienste der Haussa's, welche meistens gut beritten waren, schon damals über Wattenpanzer, große Schilde, Speere und Schwerter verfügten. Die Fulde's kannten nur Pfeil und Bogen —

*) Man sagt jetzt freilich, die Fulde's eignen sich nicht zu Sklaven und Dienern, doch mag das früher anders gewesen sein, oder die Betreffenden waren auch wohl nicht reinen Blutes.

**) Ein ebenso beliebter wie unpassender Ausdruck empfindsamer frommer Seelen.

die sie vorzüglich zu gebrauchen wußten — und ihre kleine Axt — Gatari — mit welcher sie dem angeschossenen Feinde den Kopf abschlugen.

Das kühne Ringen dieses sonst friedlichen Nomadenvolkes — wenngleich durch Glaubensmuth oder Fanatismus erst kühn gemacht — wird als ein rein fanatisches und von gemeiner Habsucht geleitetes Morden, ausschließlich zum Zwecke des Sklavenfanges, aufgefaßt, als ein Kampf der religiösen Unduldsamkeit, gepaart mit den niedrigsten Leidenschaften: Mordlust, Grausamkeit, Habgier und Plünderungssucht. Das ist eine ganz falsche Auffassung, die auf vorgefaßter Meinung und irrthümlicher Beurtheilung der Dinge beruht und wohl zum Theil durch die englischen Missionsbestrebungen in die Welt hinausging, eine Auffassung, welche dem richtigen Verständniß jener Vorgänge im westlichen Sudan, sowie der Erklärung der gegenwärtigen Gestaltung der Dinge hinderlich ist. Die friedlichen, so lange ungestraft geknechteten Hirten nahmen, fanatisirt, schreckliche und erfolgreiche Rache. Ihr Glaubensmuth und die Todesverachtung, mit der sie in staunenerregender Sehnsucht tollkühn den Tod auf dem Schlachtfelde und selbst durch Henkershand suchten — um das Paradies zu erringen! — wirkten auf die sehr kriegstüchtigen und muthigen Haussa's lähmend ein. Der gefangene Fulde, dessen Leidensgenosse eben vor seinen Augen hingeschlachtet war, bestrich sich mit dem Blute desselben, Gott um ein gleich seliges Ende bittend. Das und nichts Anderes war es, das die Haussa's überwand! Denn wie zu Anfang des Kampfes mancher ansässige Fulde bei seinem Haussaherrn geblieben war, nicht an die göttliche Sendung des Sehu glaubend, weil er eben noch keine Erfolge gesehen, so kehrten nach den ersten großen Erfolgen, und besonders auf diese Zeichen der begeisterten Hingabe an die Religion selbst, die Haussa's in hellen Haufen ihren angestammten Herrschern den Rücken, und sprachen, zu den Fulde's übergehend: „Min tuba wurin Allah" *), schwuren und hielten den Fuldeführern Treue gegen ihre angestammten Könige, womit deren Fall entschieden war.

Nur wenige Ausnahmen giebt es, so die Herren von Zária, die mit ihren Getreuen dem Fuldeandrang geschlossen auswichen, in südlichen Heidengebieten erobernd vordrangen und sich dort eine neue Heimath und Herrschaft gründeten.

*) Ich beuge mich vor Gott.

In Kano mußte so der letzte heidnische Herrscher Alwali, der mehrere hundert Vorgänger seines Stammes aufzählen konnte, dem Fuldefeldherrn Suleimann weichen, dessen Zeitdauer als Herrscher in Kano mir nicht genau bekannt ist. Ihm folgte Dabo Kangwa, (der Rivale und spätere Freund und Mitregent des Dabo dan Bäzau), der etwa 30 Jahre den Thron inne hatte. *) Unter diesen nahm der Handel der Stadt bedeutenden Aufschwung. Der Handel der Turawa's von Katzena (Mittelmeerhandel) zog sich nach Kano und zwar wie man behauptet, weil Dabo, **) welcher die Priester zu dem Zwecke befragt hatte, auf deren Rath vom Markte in Katzena namentlich, dann auch von den übrigen Haussa bokoi-Märkten, also Zozo, Daura, Zamfara, Hadédjra 2c. Erde stehlen ließ von dem Platze, wo das Vieh geschlachtet wird, und diese Erde mit einem von den Priestern gefertigten Leia ***) auf dem Kano-Markte heimlich eingraben ließ, und die Versicherung der Priester: „Da ikun Allah ka samu kazua da Haussa bokoi" †) ist Thatsache geworden.

Kano ist jetzt in der That der mächtigste und reichste Ort im ganzen Haussareiche (Sokoto); früher war der Herr von Gombe an Ansehen Allen überlegen und hingen von ihm ab das Land Bautschi und Muri, außer den zahlreichen zu dieser Provinz gehörigen Orten. Er verlor dieses bedeutende Ansehen durch einen Ungehorsam gegen die Anordnungen Sehu's und auch bald darauf entzogen sich ihm Bautschi und Muri, die sich nun direkt Sokoto unterstellten. Kano aber zeichnete sich stets trotz seiner Macht durch die vollste Unterwerfung in den Willen des Sokotoherren als geistliches Oberhaupt

*) Dabo Kangwa regierte ungefähr von 1813—43.

**) Um sich einen Begriff von der Bedeutung dieser Herren zu machen, genügt vielleicht zu sagen, daß Dabo von Kano (er für sich allein und sein Haus), die mächtigen Vasallen nicht gerechnet, (im Hause des Königs in der Hauptstadt standen 500 Pferde) 12,000 Pferde (Reiter) in's Feld stellen konnte und Suleimann, sein Vorgänger, noch mehr. — Von einem seiner Nachfolger, Andu (1853—83), sagt man, es seien in seinem Nachlasse 1500 Kisten, je 3000 Maria Theresiathaler enthaltend, also ca. 18 Millionen Mark, gefunden worden.

***) Leia, geschriebene Koränsprüche, meist in Ledertäschchen oder Lederverschluß fest eingenäht und überall am Körper oder Kleidung befestigt, die den Zweck haben, Glück zu bringen oder Unglück zu verhüten. Die geheimen Kräfte und Wirkungen, die denselben zugeschrieben werden, sind ebenso zahlreich, als die Fantasien des Orientalen, denn alles, was er wünscht, verspricht ihm der Mallam (Priester), vor allem, was er fürchtet, behütet ihn derselbe gern gegen gute Bezahlung, mit dem ehrlichen Zusatz: „So Gott will" oder „Mit Hülfe Gottes!"

†) Mit Hülfe Gottes wirst du haben die Märkte der 7 Haussahauptorte.

aus. Der Herr von Kano ist stolz darauf, Nacht und Tag für Sokoto bereit zu sein und sagt, wenn ein jähriges Kind dort auf dem Throne säße und Befehle ertheilte, er würde ebenso unbedingt denselben Folge leisten.

Kano zeigt eben bei allem sonstigen Stolz und Prachtentfaltung der Herrscherwürde — was in dem reichsten Ort und der ersten Handelsstadt des Landes schon leichter möglich ist, — eine große und edle Mäßigung und Unterordnung, ein Umstand, der dem Herrscher im ganzen Lande ein doppeltes Ansehen verleiht. Diese Mäßigung weiß auch der Kano-Mann fremder Eigenthümlichkeit gegenüber — obwohl diese stets seiner Kritik zum Opfer fällt — zu bewahren; er weiß sich, — wie der Deutsche auch — dem Fremden anzupassen und allen Verhältnissen anzuschmiegen; obwohl er die Heimath liebt, hat er doch oft volle Anerkennung für das Gute in der Fremde, nur ist dort im Vergleich zu Kano in der That selten viel Rühmenswerthes zu finden, mit Ausnahme von leichterem und besserem Verdienst für den thätigen Kano-Mann.

In Kano ist es weit schwerer, sich eine angenehme Existenz zu schaffen, als für den unternehmenden Kano-Mann in der Fremde. Es ist dort auch schon wie in unseren Metropolen ein Ueberschuß von brauchbaren Kräften in jedem Lebensberuf, möchte ich sagen, vorhanden. Der Kano-Mann, wie die Haussas überhaupt, sind also — wie wir — oft darauf angewiesen, in der Fremde sich eine neue Heimath zu schaffen, hinauszuziehen, um eine ihren Fähigkeiten angemessene Thätigkeit zu finden. Der Haussa ist sich dessen auch wohl bewußt und erzählt mit Stolz, daß er überall in der Welt seinen Landsmann antreffe, und er sich unter allen Verhältnissen zurecht zu finden wisse. Er betont es entschieden, daß er hinauszieht, um Geld zu verdienen. Er kennt den Stolz, durch Arbeit und Mühen sich persönlichen Besitz erworben zu haben, die Freude, diesen sich mehren zu sehen; er strebt nach der Anerkennung und Hochachtung seiner Landsleute, die solchen Erfolgen stets gezollt wird, und er lächelt nur zu den Anschauungen der Heidenvölker und Adamauafulde's, namentlich der Saranta (großen Herren), die da glauben, ihm mit ihren Wohnungen und Besitzthum imponiren zu können, da er sich selbst meist viel besser situirt weiß; obwohl er nur Kaufmann oder sonst gewöhnlicher Sterblicher ist, hat er doch über mehr zu verfügen und führt ein weit besseres Leben, als diese Fürsten. Mit Vorliebe erzählen Haussas, d. h. Adamauahändler, von dem Zuge des Sariki-n-Sanda von Jola zur Krönung nach Sokoto, wie derselbe in Kano eingekehrt und vom Kanoherrn empfangen worden. Jedesmal, wenn ein Großer mit zahlreichem Reitergefolge herangesprengt kam, fragte Sanda, ob das der König sei, was wiederholentlich verneint werden mußte, bis dann endlich der sich reich dünkende Herr vom Könige, der über 10 mal mehr zu befehlen hatte, in größter Einfachheit begrüßt wurde.

Solche Männer, die noch zu allen diesen, sie für die Uebertragung ihrer höheren Cultur besonders befähigenden Eigenschaften auch Vertreter einer für Afrika sich ganz besonders eignenden Religion sind, die, wie sie hier gelehrt wird, an Einfachheit und Großartigkeit wenigen gleichgestellt werden kann, die eine Sprache sprechen, welche meiner Ueberzeugung nach, wie wenig andere, sich ebenfalls durch ihre Einfachheit und Klarheit in Formen und Aussprache besonders für den Verkehr eignet, müssen sich die Welt erobern. Haussas sind in allen Heidengebieten beliebt — weit mehr, als die Fuldeherrscher — als Krieger, Rathgeber, Handwerker und Händler, und die Fuldeherren können sie ebenso wenig entbehren. Sie sind neben der vorzüglichen Art, ihren Glauben, ihre Sprache und Sitte bei den tiefer stehenden Völkerschaften einzubürgern, auch vortreffliche Vermittler der höheren europäischen Kultur, weil Haussas an den Küstenplätzen als Soldaten dienen, weil sie, in stetem Verkehr mit den Handelsfaktoreien am Niger 2c., manches von unserer Kultur kennen lernen, weil sie mit zu den freisinnigsten und tolerantesten Vertretern des Islam gehören, weil sie — ich möchte sagen — nur die schönen und edleren Seiten dieses Glaubens erfaßt haben: den unerschütterlichen Glauben an *einen gütigen* und *barmherzigen* Gott, der die Geschicke der Welt und der einzelnen Menschen lenkt, in dessen Willen sich der Mensch — wer es auch sei — fügen muß und die Ueberzeugung, diesem Gotte nur dann zu gefallen, wenn sie sein Wort — die Grundsätze des Korân — dessen Moral fast ganz mit der unseren übereinstimmt — heilig halten und demgemäß leben und handeln.

Obwohl die Haussas ebenso gute Handwerker als Ackerbauer, Krieger und Diplomaten sind, sind sie doch vor Allem besonders befähigte Händler und auch Kaufleute großen Styles, und Kano ist das Herz des Binnenhandels für den westlichen Sudan, wo alle Hauptzweige desselben noch bis vor Kurzem zusammenliefen und nur der Elfenbeinhandel sich in letzter Zeit nach den Factoreien der Europäer am Niger-Benuë, wo er naturgemäß hingehört, abgezweigt hat. Welche Bedeutung der Kanohandel hat, wird aus folgendem Beispiel ersichtlich werden.

Der Handel mit Goronüssen allein repräsentirt einen Werth von ca. 35—40 Millionen Mark jährlich. Nach Angaben der Händler kommen nach Kano: ca. 30,000 Esellasten à ca. 5000 Goronüsse und ca. 30,000 Menschenlasten à ca. 3000 Goronüsse, also ca. 240,000,000 Nüsse à 200 Muscheln durchschnittlich, oder 2,400,000 Sack à 20,000 Muscheln, den Sack zu 4 Maria-Theresia-Thaler à 4 Reichsmark gerechnet, giebt 38,400,000 Reichsmark.

Lose Blätter

aus dem Tagebuche des Madugu dan Tambari.

Einleitung.

Als ich mit meinen Freunden das Schiff bestiegen hatte, welches uns dem Meere und dann mich der Heimath zuführen sollte, gab ich dem Jüngeren ein Notizbuch und eine Bleifeder und sagte zu beiden, daß sie nun jeden Tag so viel Neues und Wunderbares sehen würden, daß sie es nicht würden behalten können, und da es doch sowohl für sie selbst als auch für die Ihrigen und Bekannte und Freunde in der Heimath von großem Interesse sein würde, alles ganz genau und in gehöriger Folge zu erfahren, so sollten sie sich aufschreiben, was sie Neues sehen würden. Ich kümmerte mich absichtlich nicht weiter um das Was, um sie nicht zu beeinflussen, nur wenn sie irgend eine Verwunderung aussprachen, irgend eine Bemerkung machten, welche dazu angethan war, ihre Auffassung der Dinge uns deutlich zu machen, dann erinnerte ich sie an das Tagebuch.

Ich hatte mir vorgenommen, dieses Tagebuch zu übersetzen und mit Anmerkungen versehen herauszugeben. Nun ist es leider bis jetzt nicht aufzufinden gewesen. Es ist in einem der Koffer verpackt in den Schiffsraum gestellt, und da man nicht weiß, in welchen, so würde es zu viel Mühe verursachen, jetzt darnach zu suchen. Ich habe mich daher damit begnügen müssen, einstweilen an losen Blättern und zerstreuten Aufzeichnungen zusammenzusuchen, was zu finden war. Aus diesen scheint mir hervorzugehen, daß das ganze Tagebuch wohl zu reich an Wiederholungen sein würde, um vollständig eine Herausgabe zu verdienen, so interessante Aufschlüsse es uns auch geben mag sowohl über die Denkweise, den Grad des Verständnisses für unsere Kultur und die Beurtheilung derselben, als auch über das Gemüthsleben dieser Leute. Diese Aufschlüsse können wir auch schon gewinnen aus dem Wenigen, was ich hier bieten kann. Jedenfalls werde ich, sobald das Tagebuch in meinen Händen ist, auch an dessen Verdeutschung herantreten und für den Fall, daß dasselbe noch mehr, als ich erwarte, des Neuen bieten sollte, der Oeffentlichkeit übergeben.

Blatt 1.

Gelobt sei Gott und der Prophet, der Erbarmer! Amen. — Wir danken Gott, dem Könige der Könige, wir danken Mohammed, dem Sohne der Amina. Wir danken Abdurahamani, dem Christensohne. — Wir danken dem Sariki-n-Musulmin Mazu. — Abdurahamani ist der Vermittler, der uns nach Berlin gebracht hat. Als wir in Berlin waren, legte er sich, er war krank. Diese Krankheit des Abdurahamani versetzte uns in Furcht. — Madugu Mohamman dan Mohamman und Madugu Mohamman dan Tambari, wir danken Gott, dem Könige der Könige, für das Auferstehen des Abdurahamani, wir freuen uns sehr! Abdurahamani, danke Du dem Dr. A., denn er ist der große Medicinmann der Berliner, danke Du den Berlinern allen, Männern wie Frauen, denn sie lieben Dich.

Hier folgt noch eine Aufzählung von Personen, alles persönliche Bekannte, denen besonders zu danken sei.

Blatt 2.

Im Namen Gottes. Es giebt keinen Gott außer Gott und Mohammed ist sein Prophet und Gesandter. Danken wir ihm und allen den Seinigen, den 4 Frauen und deren Kindern. Möge Gott sie gnädig ansehen.

Wir haben Gutes gesehen, nichts Schlechtes haben wir gesehen in diesem Lande. Die Dinge, welche in dieser Stadt (Berlin) sind: Pferde ohne Ende! Wir sind gegangen und saßen in einem Schiff, welches über das Land hinfährt (Eisenbahn); 30 Tagereisen sind wir an einem Tage gefahren.

Wir haben keinen Wald gesehen, sondern Häuser und immer wieder Häuser. Wir sahen eine Stadt mit Namen Fronkfred (Frankfurt a. Main), eine große Stadt. Wir haben die Gemeinde dieser Stadt gesehen, sie ist zahllos. — Leute mit schönen Eigenschaften! Wir haben Kuranga*), d. h. einen Aufzug (im Hôtel), gesehen.

*) Kuranga nennt man in Haussa die Art und Weise, Jemand in einen tiefen Brunnen mit Stricken hinabzulassen und wieder heraufzuziehen.

Blatt 3.

Im Namen Gottes 2c. 2c.

Es ist der Kaiser, der Sultan im Lande der Christen. — Du bist der Große, dem Gott Größe verliehen hat. — Madugu mai gasin baki grüßt Dich. Maduga dan Tambari grüßt Dich. Abdurahamani, der Christensohn, grüßt Dich! Wir geben Dir Liebe und Freundschaft. Wir bezeigen Dir alle die Größe, die Gott Dir verliehen hat. Wir fügen hinzu Vertrauen und Zuneigung. Wir hörten, 88 Jahre seist Du heute alt geworden, und dieses ist die Veranlassung dieser Worte. — Wir danken dem Glück. — Gott, der Allmächtige, füge Dir viel Leben hinzu, dazu auch das Glück dieser Welt und das Glück jener Welt, und Deinem Sohne Jarima (d. i. Thronerbe). Gott, der Allmächtige, gebe Dir gute Gesundheit und halte in Frieden Stadt und Land.

Blatt 4.

Wir sahen Victoria (die Siegesgöttin auf der Siegessäule), aber worauf dieselbe steht, das ist aus Stein. Wir sahen, was in uns Bewunderung erweckte. Oben sahen wir Gold! Man geht in die Runde immerfort hinauf und doch wie in einem Hause. Ueberall sahen wir Gold, wo wir uns festhielten, Gold. Es ist ein so hohes Haus wie eine Dattelpalme.

Blatt 5.

Wir gingen in das Haus des Kaisers (Zeughaus). Wir sahen Dinge, die uns in Furcht versetzten. Wir sahen Waffen, sehr viele Waffen! Wir sahen in seinem Hause Waffen jeder Art, die es auf der Erde giebt. Wir sahen Räume voll von Gewehren. Wir sahen große Gewehre, als ob sie aus alter Zeit stammten, so erschienen sie uns. Wir sahen Räume voll Säbel, Eisenkleider (Rüstungen). Wir sahen Speere ohne Ende. An Waffen sahen wir in der That zahllose.

Blatt 6.

Wir sahen das Haus (Palais des Kaisers) des Sariki-n-Berlin (Königs von Berlin), in welchem man Filzschuhe (Takalmin zúmma) anzieht, weil es sehr glatt ist und damit man nicht fällt. — Dieses Haus flößte uns Ehrfurcht ein! Räume, Räume, zahllose Räume großer Könige! Verschieden, verschieden stets, jeder Raum für sich in seiner Art. Was du in diesem siehst, wirst du im nächsten nicht sehen; zahllos ohne Ende.

Blatt 7.

Wir haben gesehen ein Haus*) eines großen Mallam**) (Priesters). Es flößte uns Erstaunen ein. Wer dieses Haus sah, ohne es zu wissen, daß es dem Mallam gehört, würde glauben, er hätte des Königs Haus gesehen. Wir haben die Gemeinde***) der Freunde dieses Mallam gesehen. Sie haben Abdurahamani freundlich begrüßt, damit sie die Nachricht hörten von Abdurahamani's Reise. Er gab ihnen die Nachricht, alle Neuigkeiten, und sie waren froh.

Blatt 8.

Im Namen Gottes, gelobt sei Gott und der Prophet. Wir danken unserm Schöpfer und Herrn Gott. Dieses Papier ist geschrieben von Madugu mai gasin baki, Madugu dan Tambari und Abdurahamani, dem Christensohne. Wir bezeigen Dir Ehrfurcht. Wir grüßen Dich, der Du bist der Abandawaki (d. h. wörtlich: Vater der Pferde, so viel wie Führer der Reiterei des Landes, der nächste nach dem Könige) von Berlin mit dem Gruße der Freundschaft und Liebe, und wir haben Ehrfurcht vor der Größe, die Dir Gott verliehen hat. Alle Welt ist mit Dir zufrieden, alle Welt spendet Dir Beifall und glaubt an Dich. Gott hat Dir Größe verliehen und Dein Kaiser schätzt Dich deshalb hoch und hat Dir deshalb in seinem Reiche Größe gegeben. Dein Name ist bis nach Haussa gedrungen, Deine Größe und Deine Güte sind dort bekannt. Dein Herz, es ist uns klar geworden, liebt auch die Anhänger des Islam und die Gemeinde der Gläubigen (Mohammedaner), erwidert diese Liebe und Freundschaft. Wir hörten, daß Du der Giwa (der Elephant) Deutschlands, Deinen 70. Kabista (Geburtstag) feiertest. Allah füge Dir zahlreiche Jahre hinzu und Wohlsein.

Blatt 9.

Am Donnerstag Abend verließen wir Berlin, am Freitag früh (29. März 1885) kamen wir in Hamburg an. — Wir gingen in das

*) Architecten-Haus.

**) Präsident der Gesellschaft für Erdkunde.

***) Die Versammlung der Gesellschaft für Erdkunde, 4. October 1884.

Haus des Schiffbauers. Wir sahen das Schiff Abdurahamani's, das ihm der Kaiser gebaut hat. — Es sind daselbst viele Arbeiter, die sonst nichts thun als Schiffe bauen; der Großen wie der Kleinen, aller Arbeit ist das Anfertigen von Schiffen.

Blatt 10.

Wir haben gesehen die Bestattung des Freundes des Kaisers (Prinzen August von Württemberg). Viele Pferde ohne Zahl. Sie sind gegangen in das Bestattungshaus (Bahnhof??). Alle Reiter waren junge Leute; sie hatten alle Pistolen in den Satteltaschen. Mantamputs (Kanonen) haben wir gesehen, vor jeder vier Pferde. Wir sahen Soldaten, welche alle (ohne Ausnahme) Gewehre trugen, zahllose!

Blatt 11.

Nur Sättel und Zaumzeug sahen wir. Wir sahen einen goldenen Sättel, einen Zaum, Halfter und Steigbügel und Satteldecke, alles aus Gold oder Silber. Goldene Sättel sahen wir für den Kaiser und seine Frau, für alle. — Der Herr von Stambul (Konstantinopel) hat diese Sättel geschenkt. Alle Art Sättel, die verschiedensten, aus den verschiedensten Ländern, haben wir in diesem Hause gesehen. — (Zeughaus?)

Blatt 12.

Heute ist der Tag Donnerstag. Hofball beim Kaiser. Wir gingen in das Haus des Kaisers, dessen Name Wilhelm ist. Wir sahen eine Versammlung von vielen Christen. Wir sahen Dinge, wie wir sie nie gesehen! Alle, die Kleinen und die Großen, sind zu uns gekommen, zu Mai gasin baki, Abdurahamani und mir. Im ganzen Hause waren Teppiche gelegt. Tanz haben wir gesehen im Hause des Kaisers. Wir sahen wohl viele Tausend Männer und Frauen, alles Freunde und Anverwandte und Enkel und Kinder des Kaisers. Wir sahen Gegenstände aus Gold und Silber. Wir sahen Wasser, das tanzte im Hause des Kaisers; woher es kam, wissen wir nicht. Wir sahen Stühle aus Gold und Silber, mit Sammet bezogen. Was die Frauen und Männer trugen, war alles aus Gold oder Silber oder Seide oder Sammet oder Diamant, welches der Name eines Steines ist, kostbarer als Gold.

Blatt 13.

Wir sahen heute das Haus des Jarima, des Sohnes des Kaisers, mit Namen Friedrich Wilhelm. Wenn du sein Haus siehst, es ist, wie das Haus seines Vaters, gerade so groß und schön. Wir sahen Dinge, wie wir sie nie zuvor gesehen (abin aladjeſi). Wir sahen Teppiche, Stühle aus Gold. — Mun gani kuranga (Fahrstuhl), d. i. die Weise, wie man in Haussa in einen tiefen Brunnen herabgelassen wird. Man weiß nicht, wohin es mit den Menschen geht. Wir sahen den Sohn des Ubandawaki (Graf Herbert Bismarck), d. h. des Vaters der Pferde; kal abihi, ganz wie sein Vater; auch den Giwa (Elephanten) von Deutschland haben wir gesehen, aber sein Haus nicht. — Hofball beim Kronprinzen. —

Auf derselben Seite:

Wir sahen den Wald des Sultans Kaisers. In der Stadt ist dieser Wald. Es giebt nichts, das nicht in diesem Walde (Thier- und Zoologischer Garten) wäre vom Fleisch des Waldes, d. h. wilden Thieren. Wir sahen das Haus des Elephanten, das Haus des Löwen, des Leoparden, der Flußpferde, der schwarz-weißen Maulesel (Zebras), der großen Ratten (Känguruhs), aber bei uns giebt es diese nicht. Das Haus der Hyänen, der Hasen, des Dilla (?), ein hundeartiges Raubthier von großer Schlauheit, aber nicht der Fuchs, der Kurege heißt. Das Haus der Büffel sahen wir und ein Fleisch des Waldes mit vielen Hörnern (Hirsch), das wir nicht kannten. Ein Thier wie ein Elephant mit einem Horn auf der Nase, aber es war kein Elephant und wir wissen seinen Namen nicht. Jedes Thier hatte ein Haus, es gab kein Thier, das kein Haus hatte.

Blatt 14.

Wir sahen ein Licht, ein Licht des Windes der Luft (Gaslicht), das hervorkam aus der Erde, ein Licht von einer bösen (mugu) Leuchtkraft in Wahrheit. In einem Lichte waren wohl tausend Lichte enthalten. Die Ursache, daß wir dieses Licht sahen, war der 88. Geburtstag des Kaisers. Wir sahen sehr viel Leute, Männer und Frauen. Wir sahen sehr viele Pferde! Einige sind gegangen, daß sie den Kaiser beglückwünschten, Andere standen und sahen zu. Die ganze Stadt war mit Flaggen geschmückt, mit verschiedenen.

Blatt 15.

Wir sahen das Markthaus (Kochausstellung), in dem nichts

zu sehen war als Fleisch, viel Fleisch! Alle Arten Geflügel, Rindfleisch, Schaaffleisch, Fleisch von Thieren des Waldes. Es giebt kein Fleisch, das nicht da war. Es gab so verschiedene Arten, daß wir viele davon nicht kannten. Da barassa (geistige Getränke), da Bier. Auch ein Beil haben wir gesehen, das ohne Menschenhülfe Holz spaltete, ganz allein!

Blatt 16.

Wir sahen saussi hazo (das erste Wort bedeutet Ausgleiten auf nassen Wegen, das zweite der Reif), die Eisbahn bei der Rousseau-Insel (im Thiergarten). Segni da Zamna kaman sea, die Kälte (auf dem Wasser) war wie Stein. — Frauen und Männer, Kinder und Große vergnügten sich da, auf Eisenschuhen zu laufen. Wir auch, wir vergnügten uns auf dem Eise, aber sitzend auf einem Gleitstuhl, wie Kinder.

Auf demselben Blatte:

Wir hörten ein Wort in Berlin: Pos Neija (Prosit Neujahr); die ganze Stadt, Große und Kleine, alle riefen Pos Neija. Wir wissen das Herkommen, Ursprung (assali) des Wortes nicht. Ob es, wie bei uns, die Tschika-n-zekara*) (Ende des Jahres) ist, wissen wir nicht.

Blatt 17.

Wir haben das Haus einer Frau in Berlin gesehen. Wenn du es nicht weißt, so glaubst du, daß es eines Königs Haus sei. Ihr Name ist N. N., der Name ihrer Mutter N. Es ist eine schöne Frau, sie hat schöne Zähne, schöne Augen und ein schönes Haus! Was über sie zu sagen ist, ist zu Ende.

---

*) Diese Zeit wird auch der Watan jifan wuta genannt, das ist der Monat des Feuerwerfens. Es ist ein großes Fest mit vielen tollen Ausgelassenheiten und vielem Lärm, ähnlich wie bei uns; dabei ist Brauch, sich mit leicht brennenden Stoffen, wie trockenes Stroh 2c., das entzündet ist, zu bewerfen. Die Bornu's fangen die Fulde's, die Fulde's die Haussa's vom Stamme der Wangara, Zamfara-Leute fangen sich Kano-Leute und halten sie fest im Scherz, bis sie sich durch einige Muscheln ausgelöst haben. Das hat seine Ursache darin, daß nach der historischen Ueberlieferung der eine Volksstamm aus dem andern hervorgegangen sein soll; sie werden gewissermaßen durch diesen Scherz wieder in die alte Hörigkeit versetzt und müssen sich auslösen. Dieser Brauch, wenn tiefer erforscht, verspricht manchen interessanten Aufschluß zu geben.

Blatt 18.

Wir gingen in das Haus des Mai Kilisi, (Teppichfabrikanten). Wir sahen Dinge, wie wir sie nicht gesehen hatten. Viele Hundert Männer und Frauen fertigen daselbst Teppiche. Wir sahen Teppiche aufgeschichtet in dem Hause ohne Zahl, das ist der Reichthum des Besitzers.

Auf demselben Blatte:

Wir sahen das Haus des Besitzers der bedruckten Papiere. (Berliner Tageblatt). Alles war mit Eisen geschrieben, das Eisen (neddewa) faltete auch das Papier, das Eisen (djefowa) warf das Papier, aber die das Papier aufhoben, waren Menschen. Es gab mehr als hundert Männer und Frauen in seinem Hause, welche arbeiteten. In einem Tage schreibt er auf diese Weise 2000 Bücher oder 10,000! Es giebt Räume voll Papier, bedrucktes Papier, das ist sein Reichthum, sein Handel. Diese Arbeit hat in uns Staunen erweckt, es war kein Ende.

Blatt 19.

Wir sahen das Haus des Feuertödters, (Majors Witte, Lindenstraße, Feuerwehr.) In seinem Hause giebt es an hundert Leute. Wir sahen etwa zwanzig Pferde von der Art der von Massr (Aegypten). Wir sahen die Dinge zum Feuerlöschen.

Wir sahen das Haus des Bearbeiters von Elfenbein. Es giebt mehr als hundert Männer und Frauen, die in seinem Hause arbeiten: Spiegel aus Elfenbein, Büchsen, Messer, Stöcke, Fächer und Scheeren und Halsketten.

Wir sahen das Haus der Schmiede, welche Metalle schmieden. Sie schmieden Lampen, schwarzes Eisen, bestreichen es mit Medizin und es scheint Silber. Weißes Eisen (Messing) bestreichen sie mit Medizin und es sieht aus wie Gold. Es giebt viele Arbeiter in dem Hause und Dinge, welche man sonst anderswo nicht sieht.

Druck von Ackermann & Wulff in Hamburg.

FSC
www.fsc.org
MIX
Papier | Fördert
gute Waldnutzung
FSC® C083411

Zeitfracht Medien GmbH
Ferdinand-Jühlke-Straße 7
99095 Erfurt, Deutschland
produktsicherheit@kolibri360.de